都市　この小さな惑星の

Cities for a small planet
by
Richard Rogers + Philip Gumuchdjian

Copyright © 1997 by Richard Rogers
First published in Great Britain in 1997
by Faber and Faber Limited
All rights reserved
Published 2002 in Japan
by Kajima Institute Publishing Co., Ltd.
This translation published by arrangement
with Faber and Faber Limited
through The English Agency Japan Ltd.
Desiged by Ⓛ **design**, Paris

都市　この小さな惑星の

リチャード・ロジャース
＋フィリップ・グムチジャン

野城智也＋和田淳＋手塚貴晴 訳

鹿島出版会

謝辞

活動している建築の持っている美しさは、包括的な経験であり、他の人々と喜びを分かち合う冒険でもある。この本は数え切れないほどの多くの人に負うものであり、ここで名前を挙げて謝辞が述べられるのはそのなかのごく少数の方々にすぎない。

私の友人であり、共著者であるフィリップ・グムチジャンは、この本に先立つ講演から本の一行一行に至るまで一緒に働いてくれた。ベン・ロジャースは、私がより明確に考え書くよう手引きしてくれた。リッキー・バーデットは、全般構想を練ることを手伝ってくれた。

ピーター・ホール教授とエドワード・ピアース、ハーバート・ジェラルデット、ロイ・ポーター、イアン・リッチー、クリスピン・ティッケル卿、アラン・ヤェントブとルース・ロジャース。そしてブライアン・アンソンとアン・パワー博士　彼らの貧しき人々に対する理解は私を常に啓発してくれた。

Lデザインのピッポ・リオーニとブルノ・チャペンティエールはこの本をデザインしてくれた。マグナムフォトとグリーンピースは、私たちの写真研究を助けてくれた。BBCのリース・レクチャーのプロデューサーである、アンソニー・デンズローとスティーブ・コックス。また、アンドリュー・ライト、ロバート・ウエブ、ジョー・マーター、フィオナ・チャールスウォース、エマ・イングランド、マーサ・フェイそしてこの本を作ることに貢献してくださった多くの人に御礼申し上げたい。

とりわけ、私のパートナーである、ジョン・ヤング、マルコ・ゴールドシュミッド、マイク・デイビス、ローリー・アボットそしてグラハム・スターク。彼らのアイデアはこの本で自由に使わせていただいた。また彼らは、快くこの仕事に力をかしてくれた。

　　　　　　　　　　　　　　　　　リチャード・ロジャース

目次

緒言　クリスピン・ティッケル卿　　vi

1　都市の文化　　1
2　サステナブルな都市　　25
3　サステナブルな建築　　65
4　ロンドン：人間のまち　　103
5　都市　この小さな惑星の　　145

参考文献　　177
索引　　178
略歴　　180
訳者あとがき　　181

緒言
クリスピン・ティッケル卿

多くの人々にとって、リチャード・ロジャースの1995年のリースレクチャー（BBCが毎年ラジオ・テレビで放送する一連の講演）は衝撃的なものをもたらした。彼は、都市の過去・現在・未来についての新しい視点を与えた。それは、慣れ親しんだものがエキゾチックになるようなものであった。彼の感化によって、都市生活の日常体験や、あるいは朝夕に押し寄せ引いていく人々の波の動きが、ほとんどまるで害毒のように見えてきたのである。同時に彼は将来への選択についても展望を開き、そこから、驚くべきほどの自由な感覚を生み出した。

都市にとって、初源的でしかも最も明らかなことは、それがまるで有機体のように資源を吸い込み廃棄物を排出していることである。それが、より大規模に、またより複雑になるほど、都市の周辺地域への依存度は高まり、その周囲を改変する破壊的性格を強めている。都市は、私たちにとって栄華であるとともに、悲嘆でもある。自然界において、私たち人類だけが都市を作っているわけではない。例えば、ルイス・トーマスが蟻について語っている。「彼らは当惑するほど人類に似ている。彼らは菌類を育て、アリマキに備蓄し、戦争のために武器を備え、警戒と敵を混乱させるため化学的噴霧を用い、奴隷を捕獲し……彼らは情報を絶え間なく交換する。彼らはテレビを見ることを除いてあらゆることをする」

成功した他の動物と同様に、ヒトという種は新しい環境に適応することを学んだ。しかし、他と異なり、ヒトは単なる成功から抜きんでた成功へと飛躍した。ヒトがそういった飛躍ができたのは、他のいかなる動物もなし得なかった方法で、ヒトの用途にあうように環境を適応させる能力をもっていたからである。

人間の進歩は、まさに一つか二つのキラッと輝く飛躍を伴いながら、上昇し前進するものであると固く信じられてきた。実際は、そのように進歩した例は少数である。かつて存在した全ての都市社会は崩壊した。おそらく、最も太古の都市社会は3500年から4500年前のインダス渓谷のハラッパ文化である。そこでは森林の破壊と表土の除去によって、湿度の上昇が夏期ですら妨げられ、急激に減少した降雨や、土の肥沃さの低下そして人口の増加によって、ハラッパの社会は自然資源の基盤を失い、簡単に潰えた。同様のことが、チグリスやユーフラテスの渓谷や、前コロンブス時代のメキシコで起きたと思われるし、アフリカのサハラ・ベルト一帯の地域でもいままさに起きつつある。

こういった崩壊の主要因は様々である。しかし、そのどれもが次の三つの要因によっている。すなわち人口、環境、そして資源。

1万2000年前の氷河期最後には全地球の人口は1000万人であったと思われる。農業の導入、人間の活動の専門分化、そして都市の成長は急激なヒトの繁殖をもたらした。産業革命がようやくはじまろうとしていたトーマス・マシューズの時代には、私たち人間の数は10億人に達していた。1930年までにはその数は20億人に増加した。それがいまや58億人であり、2025年までには、85億人という破滅的な数

に達する。現在のところ、毎年9000万人が生まれ、それは12年おきに新たな中国（現人口12億人）を生み出していることになる。

急勾配の人口増加は都市においてもおきている。1950年には、29％の人口が都市部に住んでいた。1965年には、それは36％になり、1990年には50％となっており、2025年までには少なくとも60％になると予想されている。世界規模での都市部の人口増加率は1965年から1980年までは2.6％であったが、1980年から1990年の間には4.5％となった。現時点での増加のほとんどは、貧しい国における増加によるものである。それらの国は、文字通り、最小限の資源しかなく、廃棄物を処理する能力も最低である。

もし、これ以上の数の人々が存在するならば、さらにそれらの問題が悪化することは言をまたない。多くの資源は再生できる。もし、化石燃料のように再生不可能だとしても、通常それらは代替できる。今日の主要な問題は、消費の圧力が、再生可能な資源を再生不可能にしたり、長期間をかけないと再生できないように事態を変えてしまっていることにある。

ともかく環境の悪化は加速している。最も顕著な側面は土地利用である。1993／94年の国連の環境データによれば、世界の17％の土壌が1945年以降多かれ少なかれ痛めつけられてきた。その土地を覆う大気の質も悪化した。米国政府の統計によれば、大気汚染は既に米国における農作物生産を5％から10％減少させた。おそらくそれは、東欧や中国では、なおより悪い影響を与えていると思われる。

21世紀の半ばまでに、食糧供給に関する圧力が多くの方面から発生するであろう。現在のところ私たちはそのことを、グリーン革命によって防いできたが、これからの見通しはほの暗い。最近までは、主要な食糧問題は分配の問題であったが、もはやこれからはそうではない。近年の天候不順及び増え続ける需要によって、世界は飢饉の時代に入りつつある。

衛生的な水に対する世界の需要は、現在のところ12年ごとに倍増している。もし私たちが倹約して水資源の利用方法を改善したとしても、得られる供給量は氷河期以来、大略変わるところはない。都市は水資源をますます遠くから得なければならなくなる。水資源に関する紛争は、人類の歴史において最も古くからあったことであり、将来において、その危険性が増すことはありうることである。

汚染を受け入れる器の大きさに限りがあることは、私たちの身の回りのどこそこにもみられる。廃棄物処理は近い将来、資源の消費と同じくらいの大きな問題になるかもしれない。工業化が進展した国々の至る所で溢れかえる埋め立て地や、有害廃棄物の境界移動、そして私たちが依存している地下水の汚染の拡がりなどの現象は、土地が廃棄物を受け入れる容量が有限であることを、私たちに思い起こさせてくれる。

大気に関しては、産業の風下にいる人々にとって、酸性雨が問題である。しかし、これは本質的にはローカルな問題であり、問題を解決しようとする政治の意思があれば解決できる。オゾン層の破壊はもっと深刻である。人間の代謝に対するダメージは我々への警告であるように思われるが、しかし、より根源的な問題は海の植物性プランクトンのみならず、他の生

物に対する影響である。

そして人類の活動が気候変化をひきおこしていると考えられている。通常、変化は、我々が認識できないほどゆっくりとおきる。動物、植物及びその他の生物にとっては、変化に対応したり、移動したりするだけの時間のゆとりがある。テムズ川流域はその好例である。13万年前、そこは、湿地を好むカバたちの生息地であった。1万8000年前には、北に向かって大地を覆っている氷河から遠からぬところにあるツンドラの上を、トナカイやマンモスがぶらついていた。そしてわずか900年前には、フランス人たちは、（テムズ川流域を含む）南イングランドにあるワイン用ブドウ畑が、競争相手として手ごわいがために、なんとか閉鎖できないものか画策していた。

過去1万2000年間は相対的に安定した気候の時代であった。産業革命の前でも、青銅器時代あたりからは、土地利用の変化、特に森林消失によって、局所的な気候変化がおきてきた。しかし、約250年前におきた産業革命以来、私たちは自らの営みによって、地球規模での気候変化、もしくは、気候システム全体の変動を、ひきおこしてきたと考えられる。その全てが変化のスピードを上げている。私たちが行った地形改変とは別に（英国では、石、煉瓦、採石とタールを混ぜた舗装材が地表の約10％を覆っている）、化石燃料の燃焼や、焼き畑などの生活行為によって、人類は大気中の化学組成を改変してきた。

科学的な不確実性はある程度あるものの、我々は地球規模での気候変化の途を進んでいると思われる。そのことは、二つの大きな影響を引き起こすであろう。第一には、以前にはほとんど雨が降らなかった地域に雨が降るようになり、逆に、今まで潤沢な降雨があった地域に雨が降らなくなることがありうる。また、世界全体では平均気温が上がるものの、地域によっては暖かくなったり、寒くなったりするかもしれない。そのような変化は過去にもしばしばおきた。第二に考えられる影響は、海面のレベルである。現在のところ海面レベルは毎年1.5〜2ミリメートル上昇している。しかし、もし現在の陸地の氷の融解が加速したならば、海面上昇は21世紀末までには50センチメートルまでに達することもありうる。

最後に、他の生命の様態を破滅させることに起因する問題もある。それは、宇宙からやってきた物体による破滅に匹敵するような大きさの破滅である。最も近過去のこの大きな破滅は、6500万年におきて、恐竜たちの支配を終焉させた。未来の考古学者は、1000年紀最後の250年間の廃棄物をみて、それまでには決してみられなかったような生物学的な非連続性を発見するであろう。彼らは、潤沢な化石燃料ではなく、膨大なプラスチックや、人が作り上げたその他のゴミを掘りあてるであろう。それらが、この惑星の生命維持システムに与える影響は計り知れないものがある。

人口増加や都市の成長の程度にもよるが、多かれ少なかれ恐ろしい危険が混合し集積される。

狩猟者から、農民へ、そして市民へと、人類の活動が展開していくに従い、都市は、人々の営みの専門化を表象するものとなった。リチャード・ロジャースはこの本のなかで、それらの営みが人間の生活にとっての付加価値をもたらしていることを示してくれる。しかし一方では都市は、明瞭な形で、あらゆる種類の

危険をあわせ持っている。都市やそれをとりまくバラック街において、人間の存在は最も貶められることもありうる。19世紀までは、一般に、都市は危険な場所とみなされていた。死亡率は出生率を上回り、都市は、都市外の人々を引き込んでいくことによってのみ維持することができていた。都市と、それを支えるシステムは、それら自身の環境を生み出し、その環境は危機に瀕する度合いを増している。

この本の二つの章で、リチャード・ロジャースは都市の文化とそのサステナビリティの見通しについて考察している。それは、集合的な有機体として、他のうつろう事物と同様に、傷つき壊れやすいものである。例えば、食糧、水及び他の物理的資源の供給などに関して、私たちはまもなく明確に痛点の存在を感じることになる。しかし、その背後には、さらに別のことごとも潜んでいる。一つか二つその事例を挙げてみよう。

都市の内外により多くの人々がいるということは、環境に対する負荷が増すことを意味する。またそれはより多くの難民が発生することを意味する。難民とは、政治的、民族的または宗教的な迫害から逃れる人々であるという限定した定義に基づいた場合、1978年には、難民は600万人以下であったが、1995年までに、その数は2200万人以上に増加した。この数字には、環境的難民は含まれていない。環境的難民には、国境を越える人々も、国の中で本来の居住場所を追われる人々もいるが、もし、難民に環境的難民も含めば、難民の総数はさらに倍増すると思われる。こういった人々の流動による影響のほとんどは、都市またはその周辺に及ぶ。

海面の上昇は、海岸地帯や河口付近に住む膨大な数の人々の生活を崩壊させる。影響は単なる高潮ばかりでなく、嵐や、渇水、ハリケーンなど気候変化によっておこると予想される現象と組み合わされた複合的なものとなる。

私たちは、災害のパターンの変化も想定しなければならない。気温と湿度は、昆虫から、バクテリア、ウイルスに至るまでの微生物のライフサイクルに大きな影響を与える。従って、気温と湿度は、ヒトや他の動物の健康にも直接影響を与える。私たちは既に、今日の薬剤に対してその媒体が抵抗性をもったいくつかの疾病がめまぐるしく再来してきたのを目の当たりにしている。他の要因によって既に衰弱している人々はそういった疾病にとりわけ脆弱であろう。私たちはまた排水や下水の処理によって起こる問題も想定しなければならない。このことについてもまた、都市生活の高密化は都市を特別に脆弱なものとしている。

以上述べたことがらほど明白ではないが、都市が他の生命種を破壊することが招く結果も、環境負荷の痛みを与える。生命種の多様性の減少は、食物供給（特に既に希少な遺伝的系統に大きく依存しているもの）や、医療（特に動植物資源に大きく依存するもの）に影響を与えている。しかし、より重要なのは生態がもたらす便益である。森林や草木は、土壌を生産し、保持し、集水流域を保全し、地下水を涵養し、苛烈な状況を緩和することによって水を循環させている。私たちの生活は、そういった森林や草木や、肥沃で汚染を分解する土壌、廃棄物のリサイクルや処理に適した有機物に依存している。これらの自然のもたらすサービスの代用物を考えることはできな

い。そして、これらの全てが都市基盤の一部分を構成している。もし私たちがこれを改竄（かいざん）するようなことをすると、その損失は計り知れないものになる。

都市はまた、その内部から発生する問題に直面している。リチャード・ロジャースは、その主たる要因を、この本のなかで明らかにするであろう。ほとんど全ての都市がかつては町（town）であり、ほとんど全ての町（town）はかつては村落（village）であった。コミュニティが大きくなればなるほど、社会的な一体性が失われる度合いは大きくなっていく。ロンドンのように、いろいろな意味でなお明瞭な中心をもった村落の集合体であるような都市は、機能によって分断され人間的なスケールを欠いた塊のような都市よりは、住むにはましな場所である。ロスアンジェルスは、身の置き所のない都市（Nowhere City）と呼ばれてきたが、当を得ている表現である。鍾乳洞の石筍のようなコンクリートの塊の連なりは、ひどく抑圧的で気持ちをふさがせる。プランナーの中には、依然として、そのことが個人個人に負わせる社会コストを顧慮することなく、商業地区、工業地区、居住地区、店舗地区などの色分けによって、ゲットーのような隔絶された地区を作ることを望んでいる人たちがいる。私は、市民の精神的な健康のためには、都市の内なる一体性を護り、外からの擾乱を防ぐため、かつてのように都市の城壁をたてるべきではないかという思いにかられることがある。もちろん、その城壁の門は、常に開いていなければならないが。

もしこうした一体化のための措置が不十分であると、人々のお気に入りで、最も便利な玩具である自動車を運行するための道路が貫通し、都市を分断することによって、都市は癒しがたい危険な傷に苦悩し続けることになる。リチャード・ロジャースは、公共交通とプライベートな交通のバランスや、私たちが過去50年間に自動車に優先度を置いてきたために起きた蝕（むしば）むような結果や、我々が車に依存することの本質やその多様性について考察している。政府の調査研究によれば、輸送量と産業の成長・増大に従い、英国で毎年1900万人の人々が、国際基準を上回る大気汚染にさらされている。

こういった問題の集積は、統治能力について大きな問題を引き起こす。私たちは既にある種の進行しつつある権力の危機に直面している。私たちが政府は対応できるのか、と自問する機会は増えている。国の主権は、明らかに過去それがそうであったものとは違っている。世界中で、権力の移動がおきている。それは、地球規模での問題に取り組む国際機関への上方移動である（たとえ、その多くが問題を処理するには弱体であるにせよ）。また、一方では、それは、地方自治体、地方組織・コミュニティへの下方移動である。そして、さらには、それは、驚くべきITによって世界中どこからでも直接の相互コミュニケーションができる市民への側方移動でもある。

もちろん、私たちは、政府が重大な影響を与えている世界に、なお暮らしている。過去25年の間に、このような問題に関する、社会全体の認識は高まったが、しかしながら、私たちが必要としているような、ある種の過激な結論を導き出している人は少数派である。多くの変化は、小さなステップの集積であり、それは、時としてつまずくことも伴うものである。大きなステップが踏まれることもあるが、それは、さらに小さなステップで踏みつがれることになる。従って、進

歩の速度は遅い。ケネス卿がかつていったように、新しい考えを採用する方が、古い考えを捨てるよりも、はるかに容易である。私たちは、捨てるべき古い考えを沢山かかえている。

確とした――その多くは経済的な――原則が、共通のものとして認知されるようになった。それは、例えば、汚染者負担という少なくとも学問上は合意されている原則である。また、予防主義も同様に合意されている。それは、必要とあらば、私たちは注意のみならず、たとえ不確実なことがあっても予防的な措置をとるべきであるという原則である。また、さらにもう一つ、ぼんやりとした合意がある。それは、環境的配慮がいかなるレベルでの意思決定においても中核であるべきだという原則である。

これらの原則の適用にあたって、政府は、少なくとも一つの原則に対して意味のある施策をとるように仕向けなければならない。この点において、指導力が不可欠である。しかしまた同様に、この問題について教育をされ、安易な妥協に対しては非寛容になりつつある社会一般の人々からの圧力も不可欠であることを忘れてはならない。

時々、私は楽観主義者であるのか、悲観主義者であるのか尋ねられる。私の返答はこうである。私は、英知に関しては楽観的である。なぜなら、私たちの直面する問題の深刻さを相当程度マネジメントし、あるいは少なくとも緩和する方法があるからである。しかし、私は、意思に関しては悲観的である。なぜなら、私は、単なる理性だけでは十分であるかを疑っているからである。私たちが関心を高めて変化を受け入れる心の準備をするためには、時として私たちは、衝撃を、あるいは破局を必要とする。破局は、賢明な政策を立案するための、理想的な先導者ではない。しかしそれなくして、私たちが基本的な価値観や願望の対象を変革できるのかどうかを見極めることは時として難しい。

このリチャード・ロジャースの本は希望のメッセージである。彼は、公平で、そしてとりわけコンパクトな都市が、いかに共生的で、一体的で、多様であるかを示している。私たちは、何かが間違っていることを知ってはいるが、もし私たちが未来に向けて異なった種類の都市を構想しないと、そのことはもっと悪化することも知っている。もし、蟻が適切なサイズ、特性、機能をもった都市を作り上げているのだとすれば、私たちも、同じことが自らのためにできるはずである。リチャード・ロジャースの言葉によれば、その帰結は、次のような都市であるべきである。それは、密度がある多核的な都市、様々なアクティビティが重なり合う都市、エコロジカルな都市、ふれあいの容易な都市、公平な都市、オープンな都市であり、そしてとりわけ、それは、美術、建築、ランドスケープが活気づきかつそれらが人の精神を満足させることができる美しい都市である。リチャード・ロジャースはそのことがどのようにしたら成し遂げられるのかを示している。

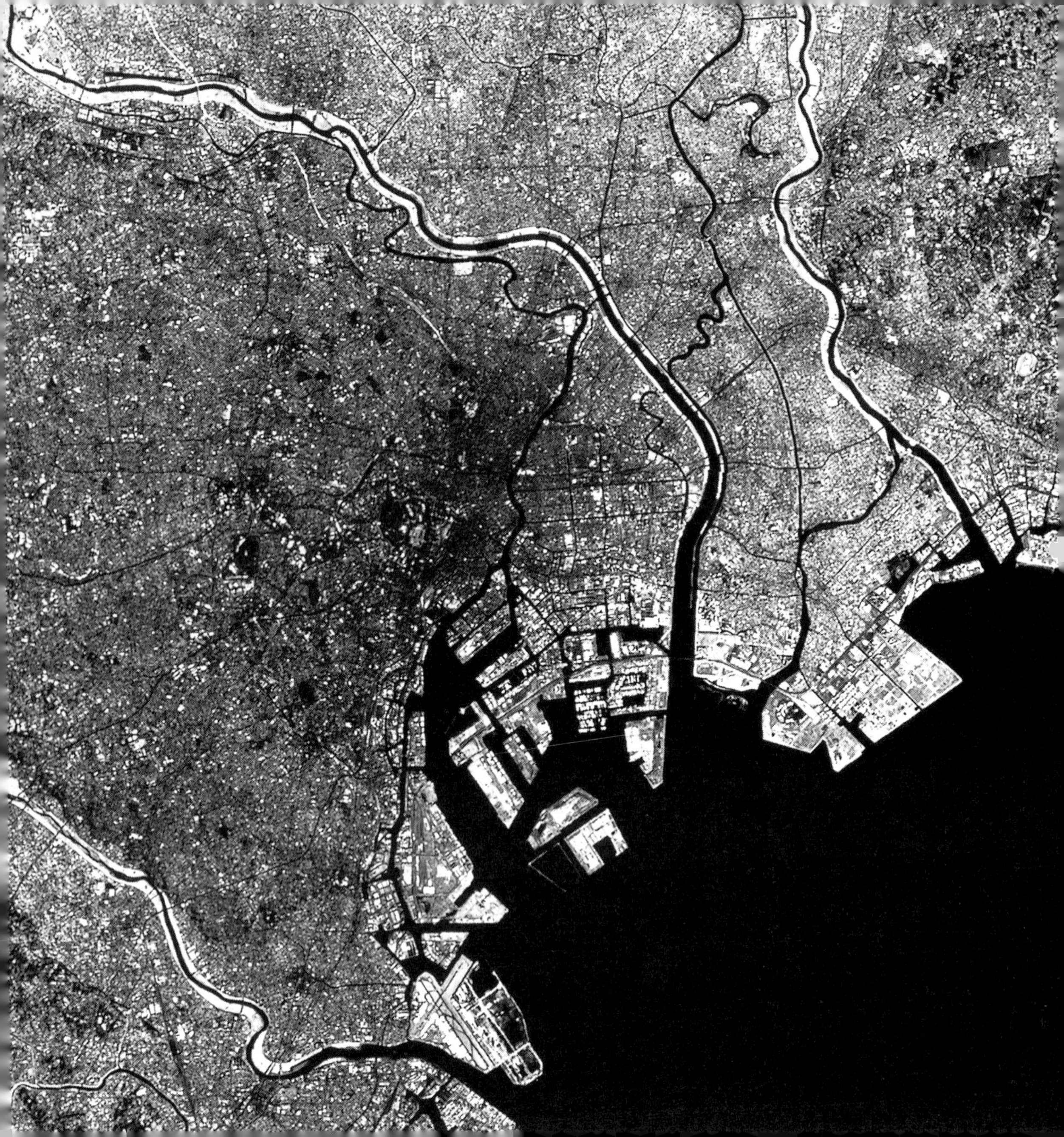

1　都市の文化

宇宙船地球号へ乗り込んでそのポジションを定めるにあたって、まず認識しなければならないことは、すぐに使えて、明らかに必要である資源や、本当に不可欠な資源は、私たちがそのことに無知であったにもかかわらず、いままでは潤沢で、人々がたちゆくためには十分であったことである。その結果、私たちは浪費的で収奪的であり続け、いつのまにか資源が使い果たされる寸前のところまで到達してしまっている。今まで人類の生存や発展が緩衝材に包みこまれてきた状況は、卵の中に貯えられている液状の栄養分のなかで鳥がはぐくまれている状況にたとえられる。

バックミンスター・フラー
「宇宙船地球号使用説明書」

1 1957年、最初の人工衛星が地球のまわりの軌道へと打ち上げられた。この出来事は、私たちに自分自身を見つめ直す視点を提供し、新たな地球規模での意識の芽生えの象徴ともなり、この惑星と私たちとの関係を劇的に変化させた。宇宙から見てみると、地球の生物圏の美しさはあまりに印象的であった。しかし一方では壊れそうなくらい脆うそうなことも印象的であった。大気汚染の煙、森林破壊の痛々しい跡、工業化の爪痕、都市のスプロール、その全ては、富を追い求める過程で、生命を支えてきたシステムの様々な側面を、私たちが営々と組織的に破壊していることの証拠である。

社会の存続は、人口と資源と環境の量的均衡を守ることに依存してきた。この原則を無視することは、破滅と終焉という結果を、過去の文明にもたらした。私たちもまた、この存続を左右する原則から逃れることはできないのではあるが、過去の文明と異なるのは、現世代が人類史上はじめて地球規模での文明化に直面し、それゆえに、同時進行的でしかも世界規模での人口増加と、資源の消失と、環境破壊に、史上はじめて直面していることである。

既に述べたように、400前後の気象衛星が、海岸や海や地球磁場を測量し、植生や大気の走査結果を送り続け、汚染と侵食の様子をプロットし続けている。これらのデータは、地表の様相の変化、地球温暖化やオゾン層の破壊などについての洞察を提供するという重要な役割を担い、人類がかつて直面したことのないような規模の環境破壊が生まれつつあることの証拠を示し続けている。現在のままの消費レベルを続けていくことによる長期的な結果はいまだに正確にはわからず、それらの詳細な影響に関して科学的な不確定性があるとしても、私たちが「事前予防的な原則」にたった策を施すべきこと、そして、この惑星上での私たちの種の生存可能性を守るべく着実に行動すべきことを、私は主張したい。

私たちの都市そのものがこの環境的な危機の元凶であることは、人々にとって、特に建築家にとっては、衝撃的でしかも意外な新事実である。1900年までは、世界人口の10分の1が都市に住んでいるにすぎなかった。今、史上はじめて、世界人口の半数が都市に住んでおり、30年以内には、それは4分の3に

▲ 前頁
人の作りたるもの
宇宙からみると、この惑星の表面への、人がなしたるインパクトは明白である。私たちは、いまや、文字通りこの惑星の表面を形作っている。東京首都圏は、2000万人の人口を擁する世界最大の都市を形成している。
Science Photo Library

達するかもしれない。都市人口は毎日25万人ずつ増え続けている。それは大雑把にいって、毎月新たなロンドンが生まれている勘定である。世界規模での人口増加と、ひどく効率の悪い生活パターンは汚染と侵食を加速させている。

人類が暮らすところ　私たちの都市　が、生態系の最大の破壊者であり、この惑星上で人間の生存を脅かす最大の脅威を与えているというのは皮肉なことだ。米国では、都市が生み出す大気汚染は、穀物生産量を既に10％も減らしてしまった。日本では、東京は毎年2億トンもの廃棄物を排出していると見積もられており、既に東京湾岸をほとんど埋め尽くしてしまった。実際メキシコシティは、2本の河を干上がらせ、ロンドンの深刻な交通渋滞は、石炭公害に対応するため空気清浄化法（Clean Air Act）が施行された1956年よりも、ひどい大気汚染を引き起こしている。地球温暖化ガスのほとんどは、都市から排出されている。国連の気候変動に関する政府間パネルの議長を務めるジョン・ホートン卿など、指導的立場にある一目おかれた有識者たちが、現在の温暖化ガス水準によって起こりうる破滅的な影響について警告を発している。

都市の必要性と、その必然としての都市の成長は、とどまるところを知らないのであるが、だからといって都市の生活が、文明の自壊を引き起こしてしまう性格をもつ必要はない。私は熱烈に信じる、建築と都市計画の技術（art）は、私たちの未来を安全に守り、サステナブルで文明的な環境をもたらす都市を創造する手段に進化させることができるのだと。本書では、未来の都市が、環境と人間性との共生を復興していくための新たなきっかけを提供することができるということを示してみたい。

私のこの楽観的な考えは次の三つの理由から発している。それは、第一に、環境保護の意識が広がっていることであり、第二に、コミュニケーション技術が普及していることであり、第三に、自動化生産が進展していることである。これらは全て、脱工業化社会において環境配慮と社会的責任を伴った都市文化を発展させるための条件を整えることに貢献している。世界中で、科学者、

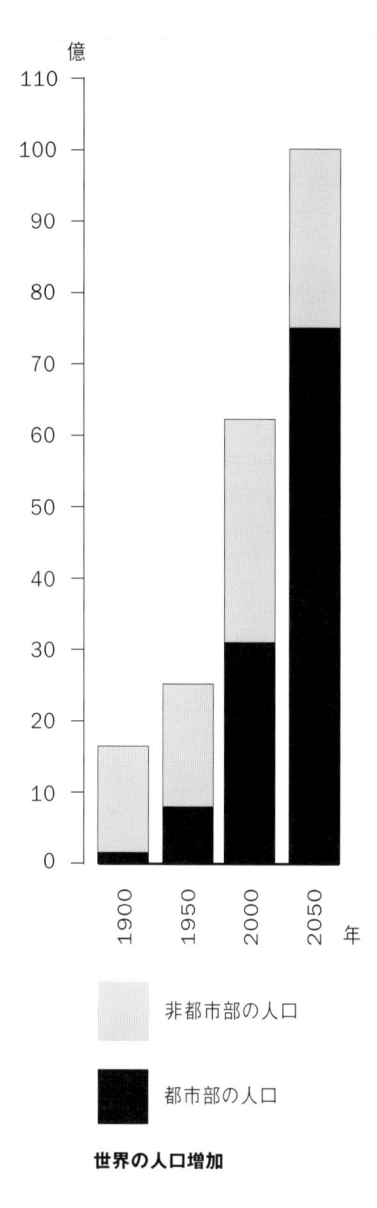

非都市部の人口

都市部の人口

世界の人口増加

哲学者、経済学者、政治家、プランナー、芸術家そして市民が、地球規模の俯瞰的視点を未来への戦略に統合していくべきことを強く求め続けており、その声は日々高まっている。国連のレポート、「我ら共有の未来」は、サステナブル・デベロップメントのコンセプトを、世界の経済政策の基本骨格として提案した。私たちは、将来の子々孫々に犠牲を強要することなく、現今の必要性を満たすことを目指さねばならない。また、世界の大多数を占める貧しい人々のために開発の方向を向けるべきである。

サステナビリティというコンセプトの中核は、環境財（natural capital）という考え方を包含することによって豊かさを再定義することにある。環境財とは、きれいな空気、新鮮な水、効能のあるオゾン層、清浄な海、肥沃な土地、そしてあふれるばかりの種の多様性を指す。これらの環境財が確実に保全されるための手段として、法規制が提案されているが、もっと重要なことは、かつて無限かつ無料であるとみなしてきた環境財を経済市場で用いることに対して、適切に有料化をすることである。サステナブルな経済発展の究極の目的は、私たちの世代が受け継いだ環境財を、同じだけ、もしくは願わくばそれ以上、次世代に引き継ぐことにある。

「サステナビリティ」を実行することが、都市以上に、有効で便益があるところはどこにもない。このアプローチから得られる便益は非常に大きく、環境のサステナビリティは、現代の都市デザインの基本指針になるべきである。

もし都市が、この惑星の生態的なバランスを徐々に崩していっているのだとすれば、私たちの社会的・経済的行動の様態こそが環境的なアンバランスを生む方法によって都市が開発されていることの根本的原因であるといわねばならない。開発が進展した国々（developed world）及び開発途上の国々（developing world）のいずれにおいても、都市の環境容量（'carrying' capacity）は既に限界に達しつつある。都市は、その成長に対応してスペースが提供されてきた従来のパターンが時代遅れなものになるほどのペースで、規模を拡大させている。開発が進展した国々では、都市中心部から夢の郊外へと人口は移動し、広範な道路網が整備され、車の利用が増加し、渋滞と汚

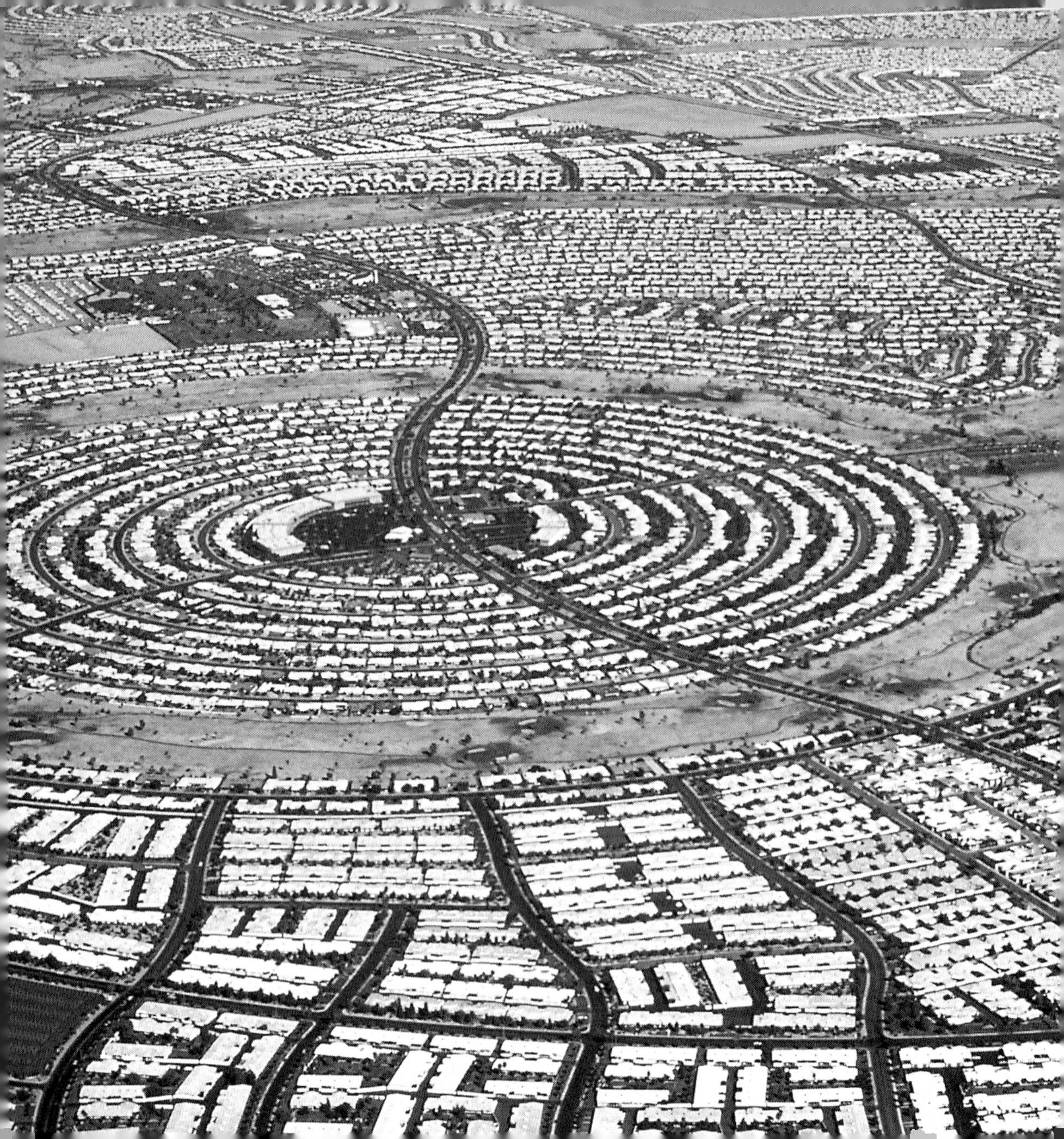

無謀な都市のスプロール

◀ アリゾナ州フェニックス。いまや、ロスアンジェルスのスプロール地域に匹敵するような領域を占めている。人口は、そのちょうど3分の1にすぎない。
David Hum - Magnum

染を生み出している。アメリカ西部のフェニックスやロスアンジェルスに見られる現象はその典型である。開発途上の国々では、急速な経済成長によって、将来の環境や社会への影響がほとんど顧慮されることなく、新しい都市が驚くべきペースと密度で建設されつつある。世界の至る所で、田舎の貧しき人々が、それらの新しい消費都市へと大量に流入しつつある。しかも至る所で、その貧困状態は見落とされたままである。開発が進展した国々では、貧しき人々は消費社会から落ちこぼれ、捨て去られ、インナーシティの閉鎖的区域に閉じ込められ孤立している。一方、開発途上の国々では、貧しき人々は、膨れ上がりつつある不潔なバラック街へと追いやられている。「非公式」もしくは違法な住人の数の方が公式に認知された人々の数を上回ることが常態化している。

都市は、さらなる環境の劣化を招くような社会構造の破滅的な不安定さを生み出している。人口の増大のペースを遥かに上回る地球規模での富の増大にもかかわらず、世界の貧困者の数及び貧しさの程度は増大し続けている。その貧困者の多くが最も不潔な環境に、極端な環境的な貧困と、絶えることない腐敗と汚染にさらされながら暮らしている。都市は、世界の貧困者のなかのますます多くの割合の人々を抱え込む方向に向かっている。基本的な公正さを欠いた社会と都市が、社会の崩壊とさらに大きな環境破壊を生み出すのは当然のことだ。環境問題と社会問題は表裏一体なのである。

貧困、失業、病気、無教養、紛争などなど、簡単に言えばあらゆる種類の社会的不公正は、都市が環境的にサステナブルになる潜在的能力を根底から揺るがしている。ベイルートのように内戦を経験した都市、ボンベイのように深刻な貧困にあえぐ都市、ロスアンジェルスのように少なからぬ市民を普通の生活から隔絶してしまった都市、サンパウロのように我利私欲の満ちる都市、こういった都市では環境は傷つけられ、その全てが損傷してしまった。基本的人権と平和なしには、都市における調和も、真の環境改善もありえない。

開発が進展した豊かな国々の都市は、深刻な社会的疎外がおきつつあるコミュニティを抱えているが、貧困による危機がより早く進んでいるのは、開発

途上の国々で急激に膨張している都市である。もしこのことが看過されるならば、これらの都市における環境的・社会的問題が、まもなく人々の目の前に山積してあらわれてくることは明白である。富めるごく少数が、それらの都市における貧困と汚染に背を向けて、疎外され荒れ果てた場所から一線を画した快適な場所で生活を営むという構図は、極めて近視眼的といわねばならない。基本的な公平性の欠如が、社会の調和や、都市を人間性あふれるものにしようとする種々の試みをしじゅう蝕んでいる。

雇用と富を得る機会をもたらす一方で、都市はアーバン・コミュニティの物理的な枠組みも提供する。ここ数十年間世界的に、都市の公共空間、すなわち建物の間の人々の場は、無視されるか侵食され続けてきた。この過程が社会の両極化を増大させ、さらなる貧困と疎外を生みだしてきた。社会的責任を統合する新たな都市計画のコンセプトが必要とされている。都市は、元来、人間と社会のもつコミュニティの必要性を満たすために存在していたことが想像できないほどに、複雑でマネジメントできない構造をもつまでに成長し変質してしまった。実際、都市とは元々そういうものだと一般に誤解されている。もし都市とは何かと問えば、大抵の人は、街路や広場について語るよりも、むしろ車や建物群について語るはずである。もし人々に都市生活とは何かと問えば、コミュニティ、社会参加、躍動、美または喜びを語るよりも、むしろ、疎外、孤独、犯罪の恐怖、または混雑や汚染について語る人の方が多いはずである。人々は、「都市」と「生活の質」という二つの概念は両立し得ないものとして語るであろう。開発が進展した国々では、この相克が私的に守られた領域に市民たちがひきこもっていくことを助長し、貧しい人々と富める人々を分断し、まさに文字どおりその市民性をはぎとっている。

都市は消費主義の場と見なされてきた。政治上及び商業上の皮相な合目的性は、都市開発の焦点をコミュニティの広範な社会的ニーズを重視することから、個人の狭隘な欲求を満たすことに移してしまった。この限られた目的を追求してきた結果、都市の活力は削がれてしまった。「コミュニティ」の複雑な結びつきはくみほどかれ、公共の生活は個人の生活に分解されてしまった。皮肉なことに、地球規模で民主主義が台頭しつつあるこの時代に、都市は

孤立したコミュニティへと社会を分断化し続けているのである。

この傾向の行き着く先は、都市空間の活力の低下である。政治学者マイケル・ワルツァーは都市空間を二つのグループに区別した。それは、「単一目的に特化された（single‐minded）」空間と、「多様なものを受容する（Open‐minded）」空間である。「単一目的に特化された」とは、一つの機能のみを満たす都市空間の概念を表し、大概の場合、保守的なプランナーやデベロッパーの意思決定の産物である。「多様なものを受容する」とは、幾つもの機能を満たし、その場にいる人々の様々な必要に合わせて成長した結果、あるいは設計された結果を表す。郊外住宅地、団地、商業地域、工業地帯、駐車場、地下道、環状線、商店街、そして車そのものは「単一目的に特化された」空間へと分類される。一方、賑わう広場や、マーケット、公園、道に広げられたオープンカフェは「多様なものを受容する」空間である。前者の空間にいる場合、私たちは大抵忙しいが、後者の空間に身をおいた場合は、人々の視線にさらされたり、参加したりする気持ちのゆとりができる。

両者は共に都市でそれぞれの役割を演じている。単一目的に特化された空間は、個人的な消費と自律性に対して私たちがもっているまさに現代的な強い欲求を満たすことに供されている。そういった空間は、文字どおり非常に能率的である。対照的に、多様なものを受容する空間は、私たちに何かしら共通のものをもたらしてくれる。その空間には、社会の様々な様相がもたらされ、寛容な気持ちや、自己認識、アイデンティティや相互理解が醸成される。

しかしながら、ここで私が言いたいのは、個人個人の私的欲求の硬直的な組み合わせに応じて都市がデザインされていくうちに、前者のカテゴリーの空間が、後者のカテゴリーの空間を崩壊させてきたということである。多様なものを受容する空間が、単一目的に特化された空間に打ち負かされ、結果として充足的な都市という大事な考え方が破壊されつつあることを私たちは傍観している。

いまは、自らの利益の追求と他からの分離が重視されており、出会いやコミュ

ニティは軽視されている。最近の新たな都市開発では、デベロッパーや小売店の利益を最大化する目的のために、伝統的には混じりあい響きあっていた種々の営みが整理されてしまっている。様々なビジネスは切り離されてビジネスパークの中にひとまとめにされ、店舗は舞台装置のような「街路」付きのショッピングセンターにおさめられ、住宅は郊外住宅地や団地にまとめられている。当然のことながら、まがいものの公共空間であるこれらの街路や広場には、多様性や活気や日々の都市生活が生み出す人間味がない。さらに悪いことに、都市の既存の街路は商業的な賑わいを失い、急ぎ足の歩行者や密閉された自家用車のためだけの、ほとんど無人の地にすぎなくなってしまった。いま人々は利便性に価値をおいてはいる。しかし、一方では人々は真の意味での公共的な生活にあこがれており、週末に都心を一杯にする人込みはそのことを証明しているといってよい。

多様なものを受容する公共空間の消失は、単に残念であると言ってすまされる問題ではない。そのことは、退廃のスパイラルに至るという極めて悪い結果をも生み出しうる。公共の空間の躍動がなくなると、街路で繰り広げられるストリート・ライフに参加するという習慣は廃れていく。警察の活動は、本来は人々が街路にいることが前提となっていたが、治安を重視することが必要になり、都市自身はますますやさしさを失い、疎外を生み出していく。遠からず、我々の公共空間は、恐怖を目のあたりにする、徹底的に危険な場所とみられるようになってしまう。

それに呼応して、様々な活動はますますばらばらになり、それぞれの領域に分化されていく。街路沿いのマーケットは、安全に管理されたショッピングモールに比べて魅力を失い、大学は周囲の街区から切り離されて閉鎖的キャンパスとなっていく。こういったプロセスが都市全体に広がるとともに、多様なものを受容する公共領域は消失していく。富める人々は安全な地域に閉じこもるか、さもなくば都市から出ていってしまう。このような閉じられた私有空間の入り口には、警備員が立ちはだかり、貧しき人々の出入りを拒む。お金がないことは、パスポートがないことに等しく、追い払われるべき階層として扱われてしまう。それぞれにとって大事な環境を共有しているという連帯責任を

意味する、市民性（citizenship）という概念は消え失せ、都市生活は、安全に守られた領域に住む裕福な人々と、都市に内包され周囲と隔絶されたゲットー——または開発途上国では不潔なバラック街——にはまりこんだ貧しき人々という、二層構造へと変質していく。私たちは、自分たちが共有するものを讃えるために都市というものを創ったはずなのに、いまや都市は、人々を引き離すようにデザインされている。

米国のスプロール化している都市では、都市に内包され周囲と隔絶されたゲットー、警備の厳重な上流中産階級の住居、ショッピングセンター、ビジネスパーク等が形成され、この分断傾向が特に顕著である。カリフォルニアの作家マイク・デイビスは、ここ数十年暴動が繰り返されるロスアンジェルスにおいて、いかにして差別化が進行し、武装するまでにさえ至ったかを描いている。

まず、郊外に目をやると、巨大なゴミの埋め立て地と、放射性廃棄物の捨て場、汚染を撒き散らす工場地帯が、有害な環とも呼ぶべき環状の周辺地域を形成していることに気づく。都心に目を転ずると、有害な環のすぐ内側には、門と警備員に守られた郊外住宅地と、住民自らが警備をしている下層中産階級の居住地区がある。そして、さらにその内側にあるのは、周囲と隔絶されたゲットーとギャングが主役の銃弾が飛び交うダウンタウンである。ロスアンジェルス警察の犯罪防止課による定期調査によれば、ここでは、米国内の警察署中、最も多くの件数の殺人事件が発生している。そしてこの危険な地域の内側にビジネス街があり、テレビカメラと保安装置が、ほぼ全ての歩行者に目を光らせている。ボタンを押せば入り口は閉鎖され、防弾スクリーンが作動し、対爆弾シャッターが降りる。「不審人物」の登場は静かなるパニックをひきおこし、ビデオカメラは監視を始め、警備員はベルトを締め直す。高い塀、有刺鉄線、威圧的な門などという物理的境界だけではもの足りず、目には見えない電子機器をどんどん搭載した、新しいタイプの砦のような施設も出現している。

ロスアンジェルスでは、車は動く要塞と化している。遮光ガラスは乗客のア

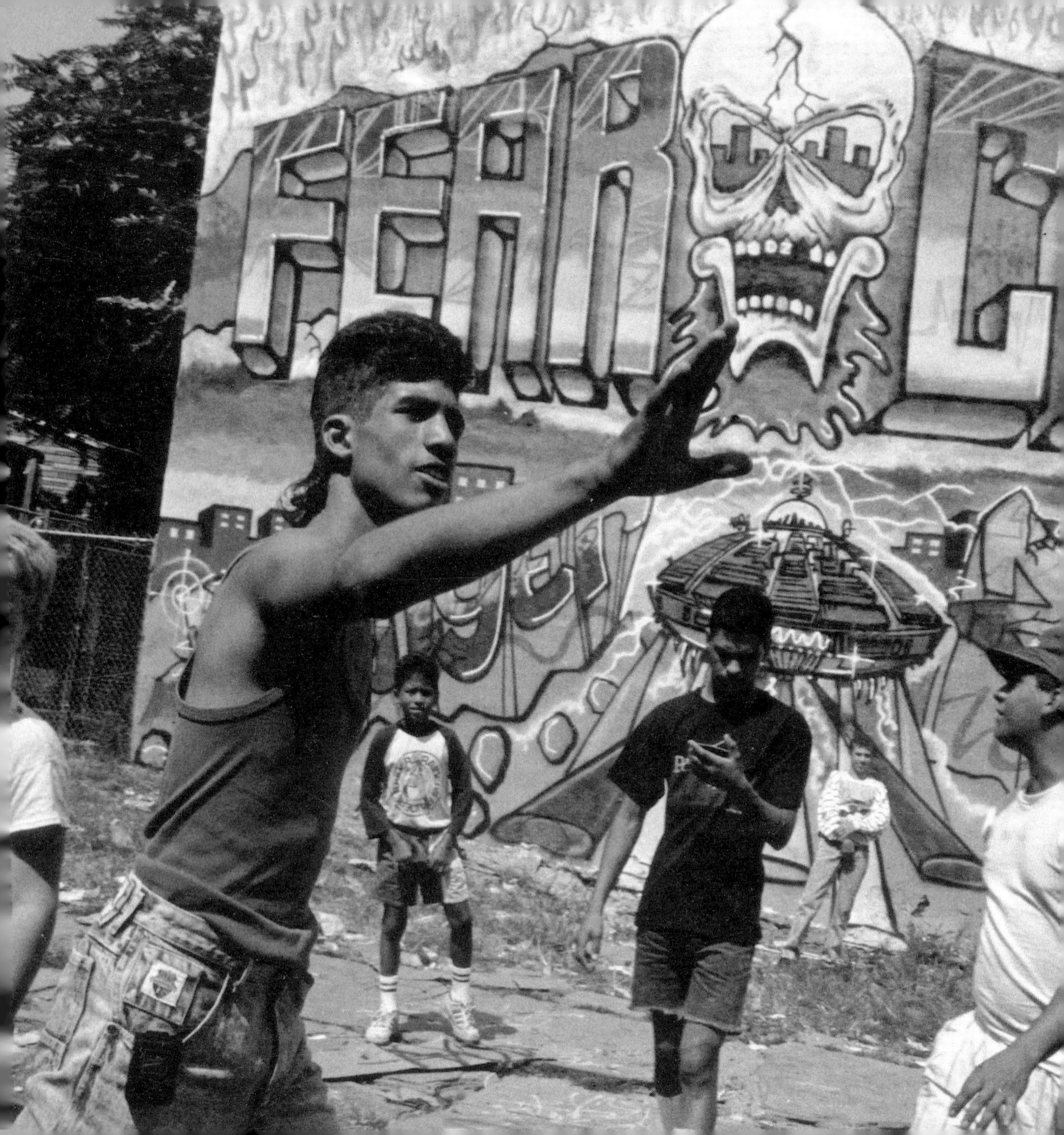
FEAR

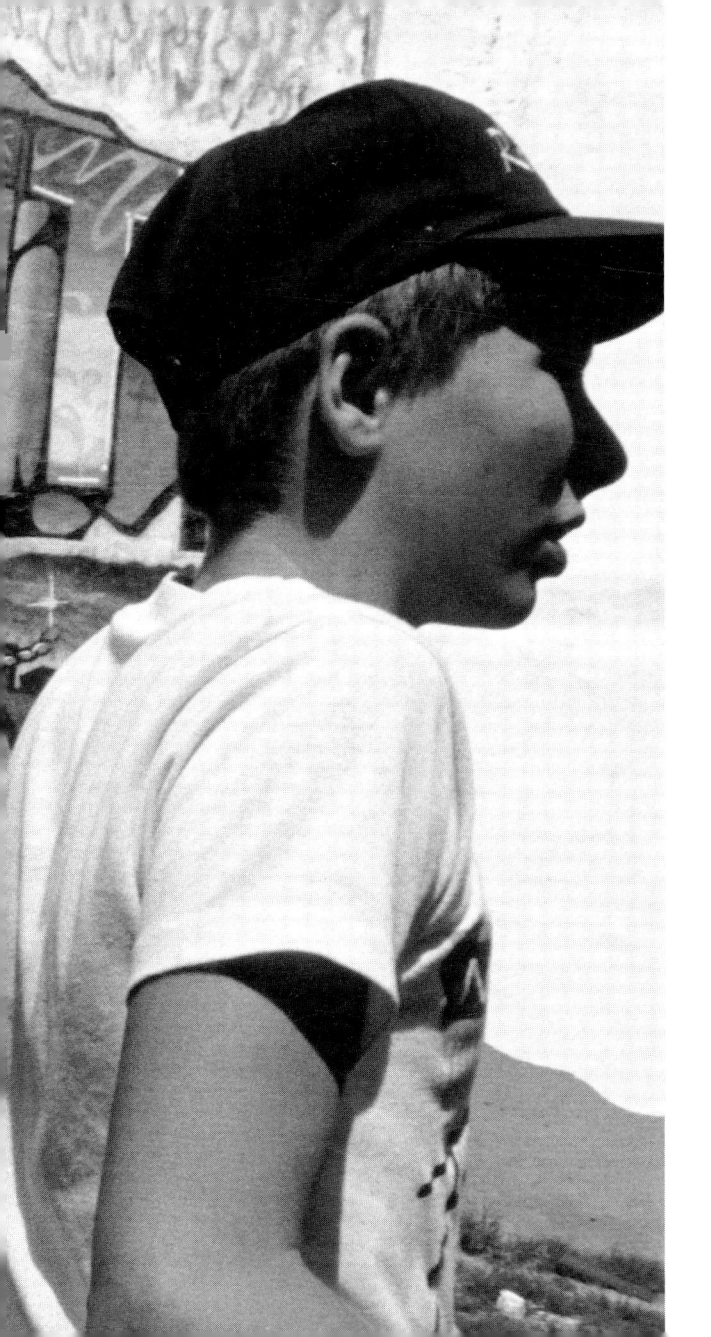

富める人たちの街路
▲ ヒューストンのダウンタウンのオフィスで働く人々やショッピングをする人々のための空調された地下歩道。貧しき人々は、地上の汚染された街路に取り残されたまま暮らしている。
The Independent

貧しき人たちの街路
◀ フィア・シティ（恐怖の街）、北フィラデルフィア　1989年　サマーセット通りと、Aストリートの角は、この都市でも麻薬取引が盛んな場所の一つである。子供たちの一団が麻薬を売り歩く。
Eugene Richard, Magnum

イデンティティを隠し、防弾ガラスは武装攻撃から身を護り、ドアロックは車内から瞬間的に施錠できるようになっていて、かつてなかったほどに個人を都市から隔絶させている。

ヒューストンの状況は穏やかではないといってよい。ビジネス街の下には、総延長6マイルにも及ぶ地下道が張り巡らされている。このけばけばしい迷路は、偶然ではあるが皮肉にも「コネクションシステム」と呼ばれ、完全な私有財産である。そこには街路から入ることは許されておらず、ヒューストンを支配する銀行や石油会社の大理石貼りのロビーからだけ入ることができる。これは、また別の意味での都市の周囲と隔絶された地区を生み出している。車であふれかえった街路には、貧者と失業者だけが取り残され、一方で、裕福な働き手たちは、快適に空調され安全な空間で買い物をし、ビジネスをしている。

英国あるいはヨーロッパの都市はまだこういった状況には達していないが、既に多くが似たような兆候を少なからず示し始めている。そこでは、郊外への移住や、インナーシティでの貧困の進行、私的な警備機関と自前の交通手段への依存、そして単一目的に特化された空間の激増現象が見られる。各個人の参加を活性化し、都市に属しているのだという人々の感覚を惹起(じゃっき)しないかぎり、この状態を矯正するいかなる試みも成功はしない。個人が都市へ主体的に関与していくことこそが、サステナビリティを達成するための絶対的要件であり、都市社会のコミュニティが社会的・文化的に関与した結果は、公共の美という形であらわれる。それは、建築のデザインに至るまで、都市での生活のあらゆる側面を特色づけるダイナミックな力であるといってよい。

私は、市民性の重要性と、それが誘発する活力と人間性を熱烈に信じている。市民性は、計画された大規模な公共的な活動においてばかりではなく、小規模な自発的な活動においても発揮され、これらが相俟って都市生活の豊かな多様性が生み出される。都市は、雇用を促進するが故にいまなお人口誘引力をもっており、また文化が発展する苗床ともなっている。都市は、コミュニケーション、学問及び複合的な商業企業活動の中心であり、膨大な数の世帯

を集中的に包み込み、物理的・知的・創造的エネルギーを引き寄せ凝縮させている。都市は並外れた数の多様な活動や機能を含んだ場所であり、そこでは、展示会とデモンストレーション、バーと聖堂、店舗とオペラハウスなど、異なった活動・機能が同居している。私は、年齢、人種、文化と諸活動の組み合わせや、コミュニティと無名性の混じり合い、親しみやすさと驚き、そしてその危険な遊びの感覚が、大好きである。私にとっては、都市のなかの拡がりのある空間も楽しいし、街路に広がるオープンカフェが醸し出す活気や、公共空間の堅苦しくない生気、身のまわりの界隈を構成する職・住・商の混じり合いも楽しい。

ミラノの屋根付きガレリア、バルセロナのランブラス、ロンドンの公園、あるいはマーケットや地域の近隣界隈といった日常的公共空間など、ヨーロッパの素晴らしい公共空間を散策するたびに、私は都市のコミュニティの一端を感じる。イタリア人は、その感覚を表す言葉をもっている。それは、夜街路や広場を散策して老若男女が彼らの都市の公共空間を楽しみつつ、その空間と響き合っているさまを表すラ・パッセージアータという言葉である。

パリの当局が、ポンピドーセンターのために用意した敷地の半分を公共広場として残すという私たちの考えに同意してくれた時、パリの当局はまさしくそのような種類の市民性を活性化しようとしていた。私たちがポンピドーセンター計画に賑わう公共広場を組み込むことにしたその着想は、マラケシュのジャマエルアフナ（Jamaa El Afna）や、ヴェニスのサンマルコ広場、シエナの中心のカンポ広場でのパリオの馬レース祭の賑わいといった、歴史的な公共空間における私たちの体験から発している。大変嬉しいことに、建物と公共空間を関連付けることによって、いいかえればポンピドーセンターとボーブール宮を関係づけることによって、人々の様々な活動（public life）が満ちる場が生まれ、その周辺地区は再活性化された。

良き都市を実現し、都市のアイデンティティを醸し出すには、活気づいた市民性と躍動した都市生活が不可欠の要素である。それらが失われつつある都市でそれらを修復するためには、市民自らが都市の発展のプロセスに深く関わ

らねばならない。公共空間は地域社会が所有し、その責任のもとにあるのだということに、市民は気づかなければならない。つつましやかな裏通りから大きな公共広場に至るまで、公共空間は市民に帰属し、全体として公共の領域（public domain）を形成している。本来、公共の領域は公共の施設なのであり、他の公共施設がそうであるように、私たちの都市での暮らしぶりを向上させることもあれば、台無しにすることもある。公共の領域は、市民性が種々演じられる場所であり、都市社会を結びつける糊のような役割を果たしている。

都市は、それが包含する社会がもつ価値観や、そのかかわり方や、その意思を単に反映することしかできない。それゆえに都市が成功するか否かは、その住民と政府、及びその両者が都市の人間性に満ちた環境を維持するためにどのような優先度付けをするかにかかっているといってよい。古代ギリシャのアテネ人は、彼らの都市の重要さと、彼らの時代のモラルと知的な民主主義を高揚させるために都市の果たす役割を認識していた。アゴラ、寺院、スタジアム、劇場、そしてそれらの間の公共空間は、ヘレニズム文化の格調高い芸術的表現であるとともに、その豊かなヒューマニズムを発展させる触媒的な役割も果たしていた。こういった施設が相互に依存しながら綾なす空間での営みに関与し、その理念を護っていくことは、新たに市民になる際の次のような誓約によって保持されてきた。「私たちはこの都市を、私たちが引き継いだ時よりも、損なうことなく、より偉大に、より良く、そしてより美しくして、次世代に残します」。市民にとっての生活の質は、都市の環境の質によって決定づけられており、そこでは、都市と市民の融和の間に良い関係ができあがっていた。

ヴィトルヴィウス、レオナルド・ダ・ビンチ、トーマス・ジェファーソン、エベネザー・ハワード、ル・コルビュジエ、フランク・ロイド・ライト、バックミンスター・フラーらは、理想社会をもたらすはずだと彼らが念じた理想都市像を提案した。それは、市民権の向上を促し、社会がもつ様々な傷や痛みを克服させるような都市である。このような都市の単一目的に特化された構想は、多様性や複雑性をかかえた今日の都市にとってもはや妥当なものではない。しかし、それらのユートピアにおける建築的な試みは、民主主義の時代である現代の建

築とプランニングが、この時代が共有する哲学的・社会的価値を表していると将来推定されるであろうことを、私たちに認識させてくれる。だが実際のところは、都市の近年の様態変化の多くは、個人の豊かさを追求する方向に社会が傾倒していることを反映している。いま豊かさは、広い意味での社会的な目標を達成する手段というよりも、それ自身が終着目標になってしまった。

私たちの住居の建設は、市場原理と金融の短期的必要性とに支配され続けている。その結果が、深刻な混沌的状況を招いたのは驚くにはあたらない。むしろ私が驚くのは、多くの場所において身の周りの人工環境にかかわる問題が政治の世界では重要視されていないことである。都市は文明のゆりかごであり、文化の発展を凝縮させ推進する器である。都市が住むのに最も危険な場所である限りは、都市の文化を政治の議論の俎上に載せ戻すことは極めて重要であり、そうすれば、都市は根本的に蘇ることもできうる。これは、都市が暴力に満ちたものとなるか、文明的なものになるかの岐路であるといってよい。

新しいタイプの市民性が、現代都市のニーズに合わせて発展しなければならない。そのためには市民の参加とより良いリーダーシップが不可欠である。意思決定の局面にコミュニティをまきこむためには、身の周りの人工的環境が、教育の場で普通に取りあげられ、国が定めるカリキュラムの重要部分を占めるようにならねばならない。子供たちに日常の都市の環境について教えることは、都市を愛おしみ改善していくプロセスに参加していく素養を子供たちに植え付け、都市そのものが、教育の優れた道具、生きた実験室となりうる。環境のサステナビリティは、物理学、生物学、美術、歴史と関連づけられた教育の中核的テーマとなるべきである。私たちは、世の人々の興味を引きおこし知らしめるための基金を作り、若年層と高年層に良き市民のあり方を教え、市民の声に耳を傾けなければならない。未来の「生活の質」の多くは、このことができるかにかかっている。

都市を民主的に制御する手段を作り出していくという大変困難な課題に対して人々が諦(あきら)め気分になっていたとしても、世界にはいくつかの勇気づけら

れる例がある。多くの場所で、エコロジーから建築に至るまでの様々な観点から、都市が人々の議論や選挙の大きな議題・争点として取り上げられるようになっている。この件が無視されている英国とは大きな違いである。

フランソワ・ミッテラン大統領は、「文化」、とりわけ建築は、フランスで4番目に大切な選挙の際の議題であると述べた。（私は英国の政治家たちが文化を何番目に位置づけるか考えるだけでもおそろしい。）英国では、パリのグランプロジェのような大規模事業しか知られていないが、それは単に氷山の一角でしかない。フランスでは、公営住宅プロジェクト、学校、郵便局、地域の広場、公園またはニュータウン全体など何であれ、個々全ての公共建築が、設計競技で決められる。何らかの重要性をもつ地域の全ての設計競技は、市長、使い手の代表、地域社会の代表、技術的専門家、建築家等からなる審査員によって決定が下される。若き優秀な建築家を育成する目的の小規模な設計競技とともに、フランスが最高水準の国際的建築の本場であることを確かなものとするために企画された大規模な国際設計競技（しばしば大統領自身も関わる）も催される。

こういった状況とは対照的に、納税者が公共建築の建設に毎年40億ポンドを払っているにもかかわらず、英国では中央政府が建築に対するポリシーを全く持ち合わせていない。1992年、英国では10の公共設計競技が開催されたのに対しフランスではその数は2000に達した。英国では優秀な若き建築家たちが例外なく公共建築を手がける資格を持たされていないにもかかわらず、英国人は彼らの建築に苦情をいっている。若い才能が今日も浪費される傍らで、二流の建築が未来へと受け継がれていくのを見るのは、実に残念なことである。

ブラジルの急膨張都市クリティバ（Curitiba）は、洞察力に優れたリーダーシップと市民参加によって、成長と統合との相克がひきおこす問題への取組みにおいて成功を収めた。後述するように、彼らは、環境的・社会的な関心を高めることをねらって、教育から商業、交通から計画に至る全てのことをカバーする、多種多様な政策を試行・展開してきた。その結果として、市民は自

分たちが都市を所有しているのだということと、未来に対する責任があるのだということを感じている。

ロッテルダムには、政府が出資することは予め合意されてはいるが、事業実施は地域主導型で進められた開発の例がある。市全体の戦略計画は、コミュニティが将来発展したいと望んでいる基本的な方向性を定めている。それに基づいて港湾ドック地区の用途転換が継続的課題として研究され議論され協力がなされてきた。まちの内部及び周辺の土地のほとんどは公共が所有し、誰かが敷地を買うことができるようになったときではなく、必要性が生じたときに、必要な場所がコミュニティに分け与えられることができるようになっている。そこは、就業場所、学校、店舗、住宅が混合した人口3000から5000人の近隣単位に分割され、その単位を繰り返しながら細胞的な構造をもったまちを作っていくことが意図されている。新しいコミュニティの住民の、少なくとも3分の1は隣接する地域からの移住者であり、これによって全体の社会的一体性を確保している。この方式により、ロッテルダムは、分離した区域や、孤立したコミュニティへと分裂していくことを回避している。

スペインではフランコ統治の終了後、市長が選挙で民選され、バルセロナでは民衆に支えられた市長の強いリーダーシップによって都市の根本的改変が進められた。パスカル・マラガル市長と、その文化局長で建築家のオリエル・ボヒガスは、1992年のオリンピック開催を都市景観を改善する触媒として利用し、オリンピック施設建設にとどまらぬ施策をすすめた。それには、都市全体の戦略的なマスタープランの策定や、街路の改修、そして重要なことには、150の新たな公共広場を生み出すということが含まれている。バルセロナは、その最も野心的な都市再開発の遂行にあたって、世界から先鋭的・指導的な建築家を招聘した。これには、世界中の臨海工業地帯の水辺空間によくみられるような、都市と海との間を分断するドック施設の廃屋跡地の再開発も含んでいた。事業の結果、バルセロナは長く横たわる浜辺を介して海と再び繋がった。特定個々の事業を超えて、マラガルは、民間企業が公共のリーダーシップに進んで協調する雰囲気を作り上げた。というのは、デベロッパーは、都市の長期的な改善による全般的便益を見通すこともできたし、公

共の利益の重要性を認識することもできたからである。この民主的なプロセスを経て、バルセロナは、人々が訪れ働き住みたいという欲求を感じるような、ワールドクラスの都市へと変貌を遂げたのである。

サンフランシスコ、シアトル、ポートランド等の都市は、都市計画への市民参加をその選挙システムに組み込んでいる。そこでの地方選挙では、単に候補者を選ぶのではなく、自らの身の周りの環境についての決定を下す機会が与えられている。例えば、どのくらいのオフィス空間の立地が認められるべきなのか、どの再活性化計画が最も良いのか、どの交通計画戦略が採用されるべきなのか、などなど。それゆえこれらの都市の住人たちは、自分たちの都市の運命に参画しコントロールしていると実感している。

以上の取り組みは、いかに都市社会がその特有の文化とニーズに合わせてその戦略を個別に進化させてきたかを具体的に示している。それらの都市のそれぞれでは、市民が自分たちの都市のかたち作りに発言権をもっているということが基本的前提となっている。市民参加と政府の積極的な関与によって、私たちの都市の物理的及び社会的構造が改変可能なのだということを、これらの都市は明確に証明している。

私はここまで、現代都市が直面する問題のいくつかについて言及し、いかに市民の主体的参加が状況を改善するのかその事例を挙げた。これと並行して、生態系を守り、自らが住む都市をより人間的なものにしていくような技術体系を開発し技術革新を進展させていくことに、私たちは前にも増して必死に取り組んでいかねばならない。

集積した知識を世代間で伝えていくことや、問題を予見して解決することのできる人類の能力は、人類の最大の財産である。私は次のことに驚き大変感動した。それは、ユーフラテスとチグリスに都市を建設した時代から、宇宙に都市を建設できる現代までに平均的にはたった100世代しか経過していないことである。

技術と私たちの予知能力はこの世界を変えてきた。また、しばしば、驚くような予測にも出会ってきた。1798年、経済学者のマルサスは彼の試算に基づき、世界人口の増加率は、地球が将来の世代を養える能力を超えていると警告した。彼の試算は間違っていることが証明された。それはその試算が、技術の著しい可能性を無視していたからである。彼が不吉な予言をしてから100年後、英国の人口は4倍になったが、技術の進歩は、農業生産量を14倍増加させた。今日では技術はかつてない速度で発展を続けており、かつてなかったほどの機会を提供している。自転車の開発から宇宙旅行まではわずか2世代しかかかっておらず、最初のコンピューターの開発から情報スーパーハイウエーの開発までたかだか半世代しか要していない。

マーシャル・バーマンは、19世紀と20世紀の近代性に関する瞠目（どうもく）すべき分析の中で、伝統社会的、経済的、宗教的価値への挑戦は、技術の進化に伴うものであることを思い出させてくれている。彼はマルクスの現代の状況に関する鮮やかな記述を引用している。

一連の古式で古びた偏見や意見に支えられた、こり固まった因縁の全ては、一掃された。全ての新しいものも、骨格となる前に陳腐化する。全ての固きものは霧散し、全ての聖なるものは冒瀆され、そして最後には、人々は、彼らの現実の生活状況と、彼らの仲間との関係のみを直視せざるを得なくなる。

変化を受け入れることには不確定性とリスクを伴う。私たちと世界の両方を変革させ変容させる力は、私たちの現在の状況を決定づける。達成できることに対する私たちの熱き望みの度合いは、私たちの破壊能力に対する自覚とバランスしている。それゆえに、現代的であるということは、この矛盾に満ちた人生を生きるということでもある。これこそが、バーマンが見事に指摘したような、悪魔に魂を売って力を得たファウストの協約のような定めである。

この大渦巻きの中では、市場原理が力を持っている。しかしながら市場の「見えない手」は、自然でも人間的でもない力である。政府や種々の機関などの社会組織は、現代生活のダイナミックさに焦点をあて、新しい技術を応用す

る方向性を示し、因習を新しいものに置き換える責任がある。都市は社会組織を体現するがゆえに、その形態はその時々の社会の目的に照らし合わせて継続的に検討されなければならない。現代の都市の問題は、自由奔放な技術進歩によるのではなく、使い方を間違ったその濫用によるものである。

技術変化のスピード、とりわけ技術が普及するスピードと拡がりは、現代社会に計り知れない可能性をもたらしている。国連開発局（The United Nation Development Agency）は、これから30年以内に公式の教育資格を求める人の数は、有史以来今までに教育を受けた人の総数に匹敵すると算出している。ロボット化は、私たちの世代により少ない労働力で一人あたりより多くの富を得る機会を与えている。産業革命以来、我々の生活において肉体労働が占める割合は減り続けてきた。

ロボット化、教育、医療、地球規模でのコミュニケーション、及び技術革新の成果の全ては、新しいタイプの創造的な市民性（creative citizenship）が発展していく条件を提供している。その創造的な市民性は、環境のサステナビリティの限界を超えることなく、富を社会にもたらすものである。

単に利益を追い求める技術開発を推進するシステムから、サステナブルな目的をもったシステムに移行するという課題に私たちは直面している。都市をサステナブルなものにするには、人々の行動様式や、政府、商業、建築及び都市計画の業務のあり方を、根本的に変えなければならないことが強く求められている。都市の環境づくりに関与することなく、あるいは市民の生活の質に何の貢献もすることなく、単に商業的利益のために建設活動を行っているデベロッパーは、技術を誤用しているといってよい。また、環境や社会の広範な問題を顧慮することなく、都市の真ん中に高速道路を通すようなプランナーにもそのことはあてはまる。

私は技術に熱中するが、技術の暴走には熱中していない。技術は、市民自身によって、市民の利益のためにねらいを定めて適用されるべきで、普遍的な人間としての諸権利を護り、住居、水、食料、健康、教育、希望、自由を全ての人

に与えることを保証するような技術が探求されなければならない。サステナブルな都市とはこういった基本的人権を満たすための基本的な枠組みを提供することができる都市である、と私は信じている。この理念を基盤に、私は創造的な思考と技術を動員して、限られた資源しかないこの小さな惑星上で、将来にわたって人間性を確保していくという、サステナビリティに向けた取組みをしている。その取組みの帰結は技術革新であり、その技術革新は19世紀の産業革命に匹敵するほどの過激なインパクトを21世紀の都市に与える。

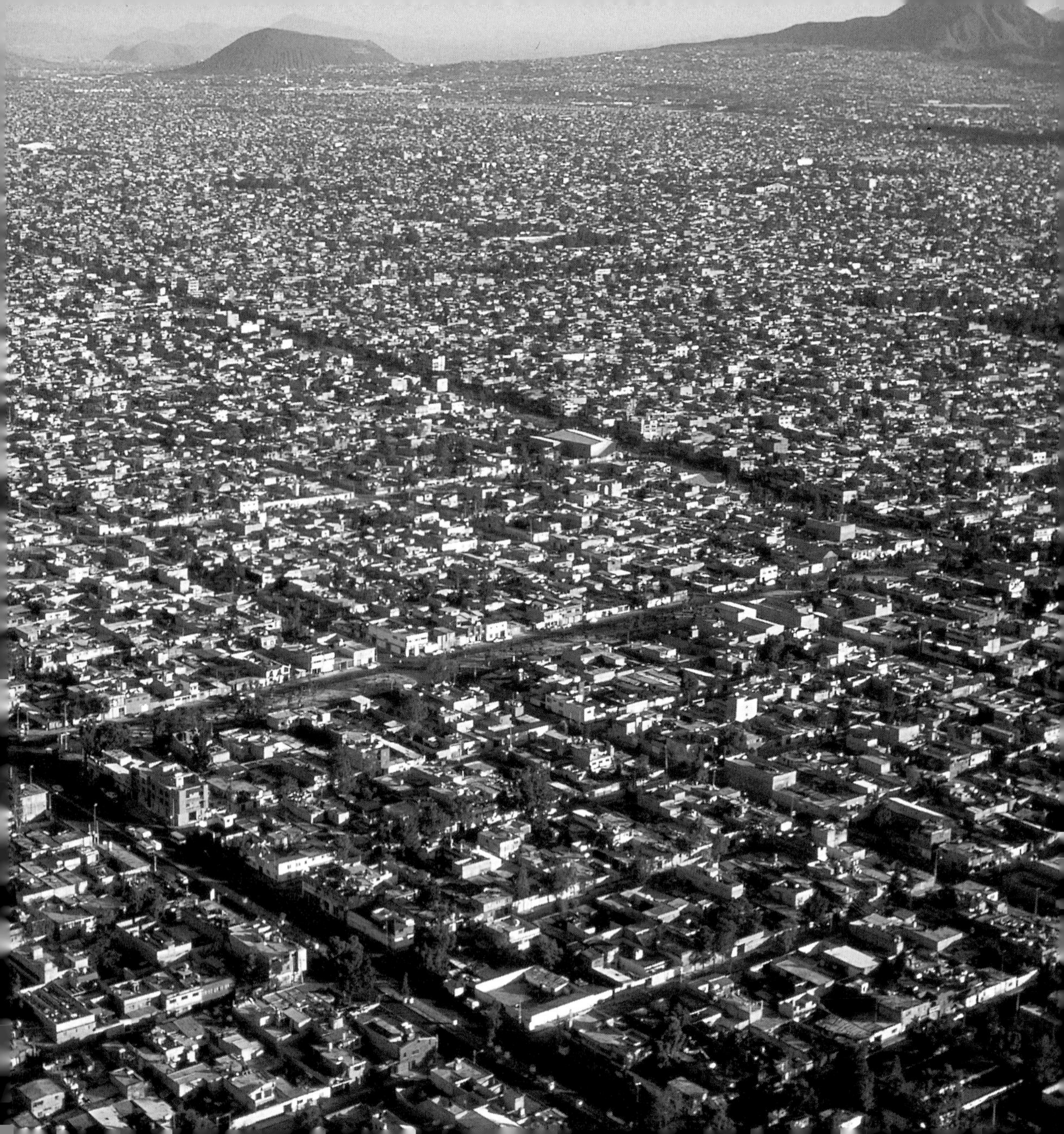

2　サステナブルな都市

この惑星は息吹きなき無機体ではなく、むしろ生きる有機体である。地球、その岩々、大洋、大気そしてそこに生息するものは、全体として大きな有機体を成している。それは一貫性のある包括的なシステムであり、自己制御性と、自己変容性を兼ね備えている。

ジェイムス・ラブロック
ガイアの原則より

2

都市は、数においても、全人口に対する比率においても、人類史上始まって以来かつてなかったほどの人口を抱えている。1950年から1990年にかけて世界の都市人口は2億人から20億人へと10倍に膨れ上がった。未来文明の行く末は、都市によって、及び都市において決定づけられるであろう。都市は世界のエネルギーの4分の3を消費し、地球規模の汚染の少なくとも4分の3を引き起こしている。都市は、大半の工業製品の生産地であるとともに、消費地でもある。いわば都市は地球の風景のなかに住む寄生虫のような存在であり、世界から栄養物とエネルギーを吸い取り、情け容赦のない消費者・汚染者として振舞っている。

もし開発が進展した国々が、汚染と混雑とインナーシティの衰退の問題に恐怖を覚えているならば、開発途上の国々を飲み込みつつある変化について考えるべきである。開発が進展した国々で人口抑制が効果を上げつつある一方で、開発途上の国々では、人口爆発、経済発展と地方からの移住者という三つの要因による相乗的圧力が、都市を恐ろしい勢いで膨張させている。1990年には500万人を超える都市は35あり、そのうち22は開発途上の国々にあった。2000年になると、500万人以上の人口の都市は57となり、そのうち44が開発途上の国々にあると試算されている。

これから30年以内に、開発途上の国々の都市人口はさらに20億人増えると予測されている。この膨大な都市化は、資源消費と汚染の指数関数的な増加をひきおこすであろう。しかも悪いことに、この増加した人口の少なくとも半分は、上水も電気も衛生設備も、そしてほとんど希望もないバラック街に住むことになる。現在少なくとも6億人の人々が生命を脅かすような都市環境のなかで住んでいる。膨れ上がり続ける私たちの都市はどうしようもない汚染に脅かされ、世界は持つものと持たざるものに二極化している。

メキシコシティは、その二極の苦しみを体現しており、世界最大にして汚染もまた最悪であるという混然とした状況を呈している。1900年に34万人にすぎなかったが、いまや2000万人が住むまちとなり、400万台の車があり、しかもメキシコシティはメキシコの工業の中心でもある。飛行機で到着すると、豪

▲ 前頁
際限なき都市
メキシコシティの人口は、100年も経たないうちに、10万人から2000万人に増加した。スプロール化し、不潔で、危険であるが、しかしなお、魅力、富、夢や希望の中心でもある。人々は、地方から月7万人の比率で流入し続けている。
Stuart Franklin - Magnum/
National Geographical
Society image collection

雨の中に突入したかと錯覚するのは、都市上空を覆うスモッグ層である。それはロスアンジェルスを覆うスモッグの4倍もひどいものであり、WHOの環境基準の6倍を超える毒性をもっている。オゾン濃度は年間300日危険レベルを超え、あまりにも大気汚染がひどすぎるときには、工場は操業停止を命ぜられ、人々は屋内に留まるよう勧告される。にもかかわらず、地方からの人口の流入は続いている。1996年メキシコシティは、毎月7万人も増加する人口に、住宅や公共の施設とサービスが追いつかないという、供給上の問題に直面した。こういった処しがたい制約条件を与えられ、メキシコシティは、他の急膨張している都市と同様に、サステナビリティを育むことに失敗しつつある。

この章では、いかにしたら都市の成長にかかわる膨大な量的増加を吸収し、サステナブルであるように都市をデザインすることができるのか、換言するなら、いかにしたら将来の世代を危機にさらすことなく今日の機会を提供するように都市をデザインできるのかということに焦点をあてる。

1966年、エコノミストのケネス・ボールディングは、征服できる領域も消費できる資源も無限にあることを前提とした「カウボーイ経済」の世界に住んでいるかのように私たちが振舞うことをやめるべきだと主張した。そうではなく、私たちは自分たちの惑星を「宇宙船」のように限られた資源しかもたないクローズド・システムと見なしていくべきである。実際、太陽からのエネルギー以外は何も外界から入ってこないクローズド・システムに地球上の生命は完全に依存している。太陽は光合成を通じて植物に命を与え、酸素を作る。何百万年もかけて、腐敗した植物は、石炭や石油のような化石燃料の形で、太陽エネルギーのストックを形作る。この太陽エネルギーのストックを消費を通じて分解することは、酸性雨や、多数の人々が地球温暖化を引き起こす要因と考えている様々な混合的汚染を引き起こす。しかし一方では、太陽は毎日補充されるエネルギー源であり、風や雨を起こし、その定常的に「再生される」エネルギーは、環境を汚すことなく採取し利用することが可能である。

都市はそれそのものを生態システムと見るべきであり、その考え方は都市の

再生可能エネルギーの利用
▲ 太陽エネルギーの採集、オデール（Odeille）、フランス
Lonard Fred - Magnum
▲ 風力エネルギーの採集、タリファ（Tarifac）、スペイン
Bruno Barbey - Magnum
▶ 風、波そして植物：この惑星は無機物ではない。それは生きている有機体である……。惑星の表面の全ての要素は、定常的に再生される資源である。

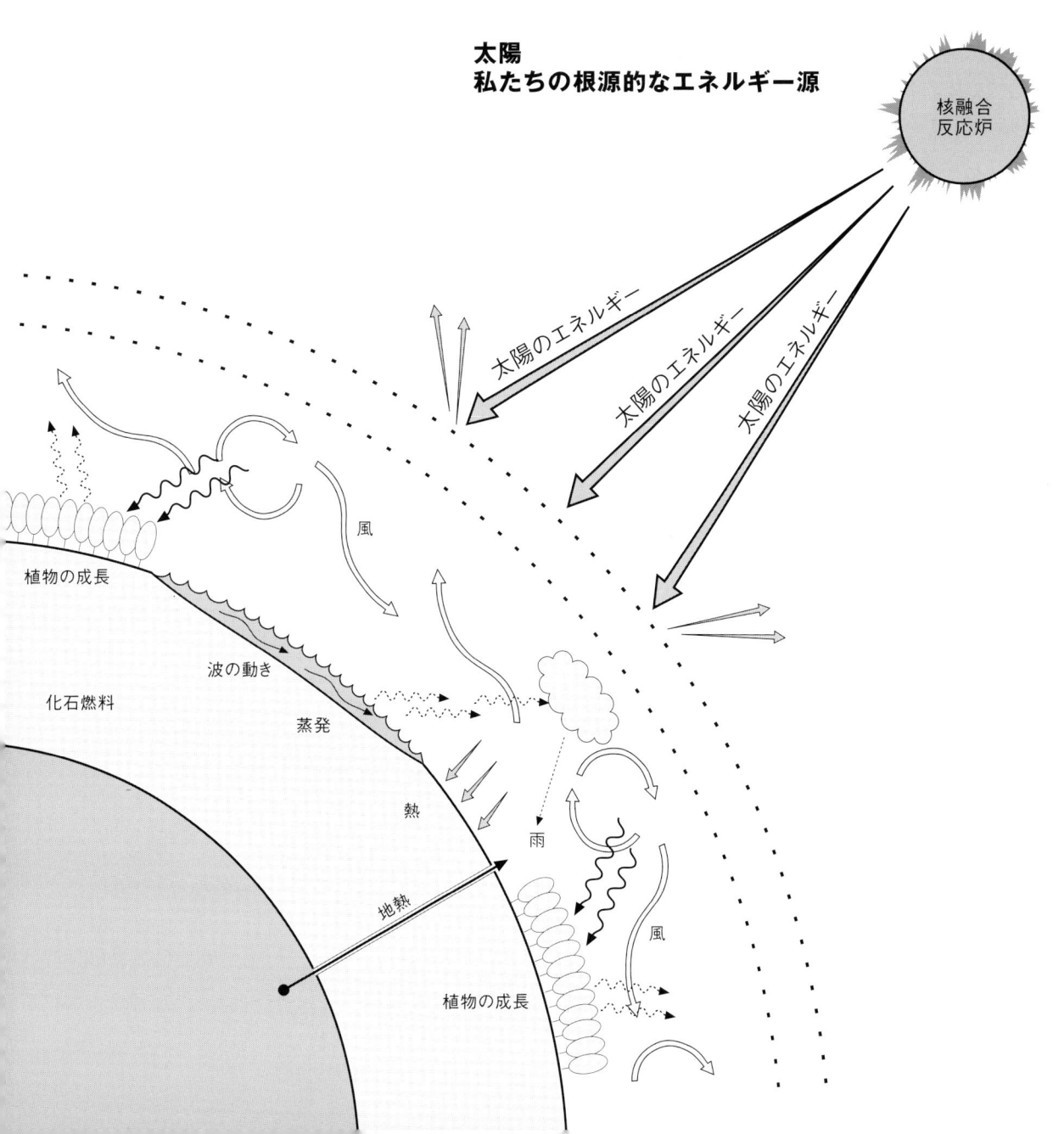

太陽
私たちの根源的なエネルギー源

核融合反応炉

太陽のエネルギー

植物の成長

化石燃料

波の動き

蒸発

熱

地熱

雨

風

植物の成長

デザインやその資源利用のあり方に反映されなければならない。都市が貪(むさぼ)っている資源の量は、「エコロジカル・フットプリント」で計測できるように思われる。エコロジカル・フットプリントは、都市が依存している地域の広がりを表す概念であり、それは世界中に広がり、その領域は都市そのものの物理的な境界をはるかに越えるものである。フットプリントは、都市に資源を供給し、廃棄物や汚染を処理するための敷地を提供するひろがりである。既存の都市のエコロジカル・フットプリントは、実質的に地球全体をカバーしている。もし新たな消費都市が膨張すれば、それだけエコロジカル・フットプリントを巡る競争は激化する。都市のエコロジカル・フットプリントの膨張と並行して、肥沃な土地や、豊かな海や、原生林は侵食されていく。この単純な供給上の制約を勘案するならば、都市のエコロジカル・フットプリントを劇的に減らし、その領域を制約しなければならないことは明らかである。

都市生態学者のハーバート・ジラルデットは、効率を上げて消費が減らされ最大限の資源の再利用がなされている、循環するメタボリズム（物質代謝）の実現を都市が目指すことが鍵になると主張する。私たちは、材料をリサイクルし、廃棄物を減らし、枯渇しうるエネルギーを大切に使い、再利用可能に転換する途を開かなければならない。生産と消費の大半が都市で起こっている以上、現在の生産から汚染を生み出す線形のメタボリズムのプロセスは、利用と再利用による循環システムを目指したプロセスに置き換えられるべきである。この過程で都市全体の効率が上がり、環境への影響は少なくなる。これを成し遂げるためには、都市は自らの資源利用がマネジメントできるように計画されなければならない。そのためには、私たちは、包括的で全体をみすえた都市計画の新たなかたちを創造する必要がある。

都市は人間の活動基盤や環境影響の発生源であり、その基盤・発生源は複雑で変貌し続けている。市民、サービス、交通政策、エネルギー生産の相互関係や、それらの総体が地域環境やそれを超える地理的範囲の環境に与える影響について、あたう限り幅広く理解することが、サステナブルな都市を計画するためには必要である。都市が真のサステナビリティを創造しようとするなら、これらの多くの要素が編み合わされなければならない。都市の生態系と、

線形(Linear)の物質代謝をもつ都市は、高速度で消費と汚染をすすめる

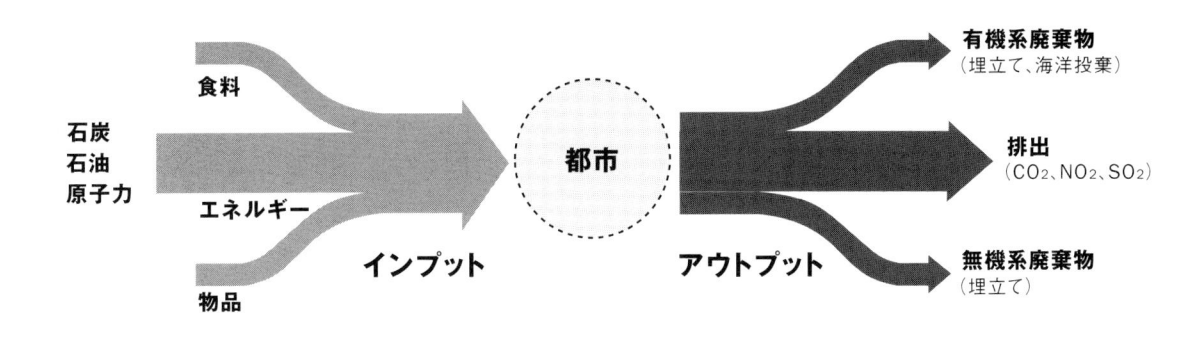

- インプット
  - 石炭、石油、原子力 → エネルギー
  - 食料
  - 物品
- 都市
- アウトプット
  - 有機系廃棄物（埋立て、海洋投棄）
  - 排出（CO_2、NO_2、SO_2）
  - 無機系廃棄物（埋立て）

循環型(Circular)の代謝をもつ都市は、インプットを最小化し、リサイクルを最大化する

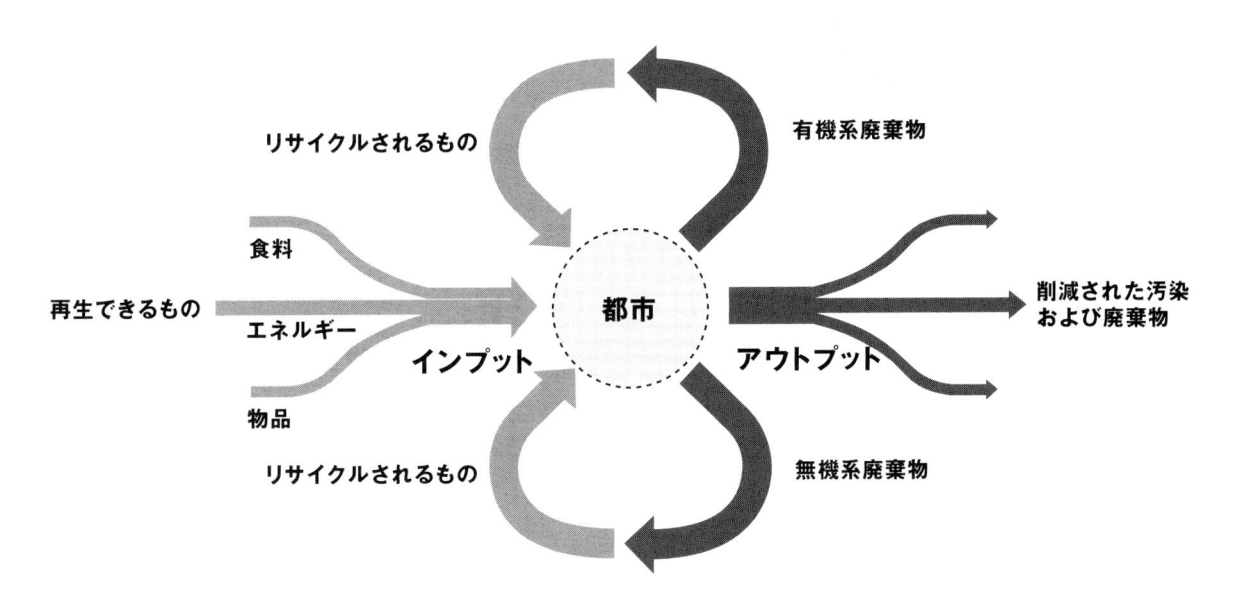

- インプット
  - リサイクルされるもの
  - 再生できるもの → 食料、エネルギー、物品
- 都市
- アウトプット
  - 有機系廃棄物
  - 削減された汚染および廃棄物
  - 無機系廃棄物
- リサイクルされるもの（有機系廃棄物・無機系廃棄物が都市へ戻る）

経済、社会が都市計画の中に織り込まれない限り、環境的にサステナブルな都市は存在しえない。この目標達成は、市民のモティベーションいかんにかかっている。都市それぞれがもつ優位性を生かして地球環境の危機と立ち向かうためには、市民が自らできることをすることが求められる。

環境問題を社会問題と明確に分けることはできない。環境改善を目的にした政策は、市民の社会生活も改善することができる。環境的な解決と社会的な解決は相乗的なものであり、そのことは、より健康的で、より生き生きとして、より多様なものを受容する都市をつくることに資する。いうなれば、サステナビリティとは、来るべき世代にとっての良い生活を意味する。

私自身の都市のサステナビリティに対する取組みは、ひとことでいえば「高密な都市」のモデルを再解釈し、再創造することである。なぜ、このモデルが20世紀にカテゴリーごと否定されてきたのか、その理由を思いかえしてみることは重要である。19世紀の産業都市は地獄であった。人々は人口過密と貧困と不健康に喘(あえ)いでいた。悪臭を放つ下水がコレラとチフスを媒介し、有毒物質を流す産業が限界をこえて密集している借家群の隣に立ち並んでいた。その結果、ビクトリア時代の英国の多くの工業都市では、平均寿命は25歳未満であった。まさにこれらの障害と基本的不平等こそが、1898年のエベネザー・ハワードのガーデンシティ構想や、1944年のパトリック・アーバークロンビーのニュータウン構想のように、プランナーたちをして、密度が薄く緑のあふれる郊外への人口分散へと駆り立てた理由であった。

今日、これとは対照的に、汚さをもたらす産業は、開発が進展した国々の都市からは消えつつある。少なくとも理論上は、「グリーンな」産業、ほぼクリーンな発電と公共交通システム、及び下水とゴミ処理の革新的システムがあれば、高密な都市が不健康であると見なす必要はもはやない。このことは、近接していることの社会的利点を再評価できることを、また、共生的に暮らすことの利点を再び見出すことができることを意味している。

このような社会的機会に加えて、より重要なことは、「高密な都市」のモデ

ルが大きな環境上の便益をもたらすことである。統合的な計画を施すことによって、エネルギーを効率化し、資源消費を減らし、汚染を減少させ、周辺郊外へのスプロール化を回避させるような高密な都市をデザインすることができる。このことこそが、「コンパクト・シティ」という概念を探求していくべきであると私が信じる理由である。コンパクト・シティは、密度のある社会的な多様性をもった都市であり、そこでは経済的・社会的活動が重なり合い、近隣界隈のまわりにコミュニティの焦点ができる。

このような考え方は、現時点で支配的な米国型の都市モデルとは、著しく異なるものである。そのモデルでは、ダウンタウンのオフィス街、まちの外に追いやられたショッピングセンターや、レジャーセンター、郊外住宅地そして高速道路というように、都市は機能によってゾーン分けされている。そのイメージはあまりに強力であり、（商業的なデベロッパーの市場至上的な価値基準に則った）その実現を動機づけさせる力はあまりに広く及んでいるがために、開発途上の国々は、既に開発が進展した国々を失敗させたその轍を踏むことから逃れられなくなっている。

このようなやり方の行きつく先は、計り知れない破滅的結末である。それでもこのやり方が採用され続けるのは、経済的な御都合主義による。コンパクトで複合的なまちづくりのやり方が複雑さを抱え込むのだとするならば、ゾーン分けをするやり方はそれと真っ向から対立するものであり、都市を過度に単純化された街区群に区分けして、運営のしやすい法的・経済的なパッケージ群を作っていくやり方である。個々の建物のスケールにおいてすら、公的・民間を問わずデベロッパーは複合用途という考え方には背を向ける。伝統的な都市の建物では、店の上にオフィスがあり、その上に家族住宅があり、さらにそのまた上にはスタジオがあるというように用途が重なっており、そのことが街路に生活感をもたらし、日常的な用を満たすために市民が車に乗る必要性を少なくしていた。しかしながら、この複合用途の建物は、複雑な賃貸関係を生み出すがゆえに地方行政にとっては扱いにくいものであり、またデベロッパーにとっては資金を調達しにくく売りにくいものである。対照的に、公的・民間デベロッパーは単機能の建物を好む。彼らは大きなプロジェクトを

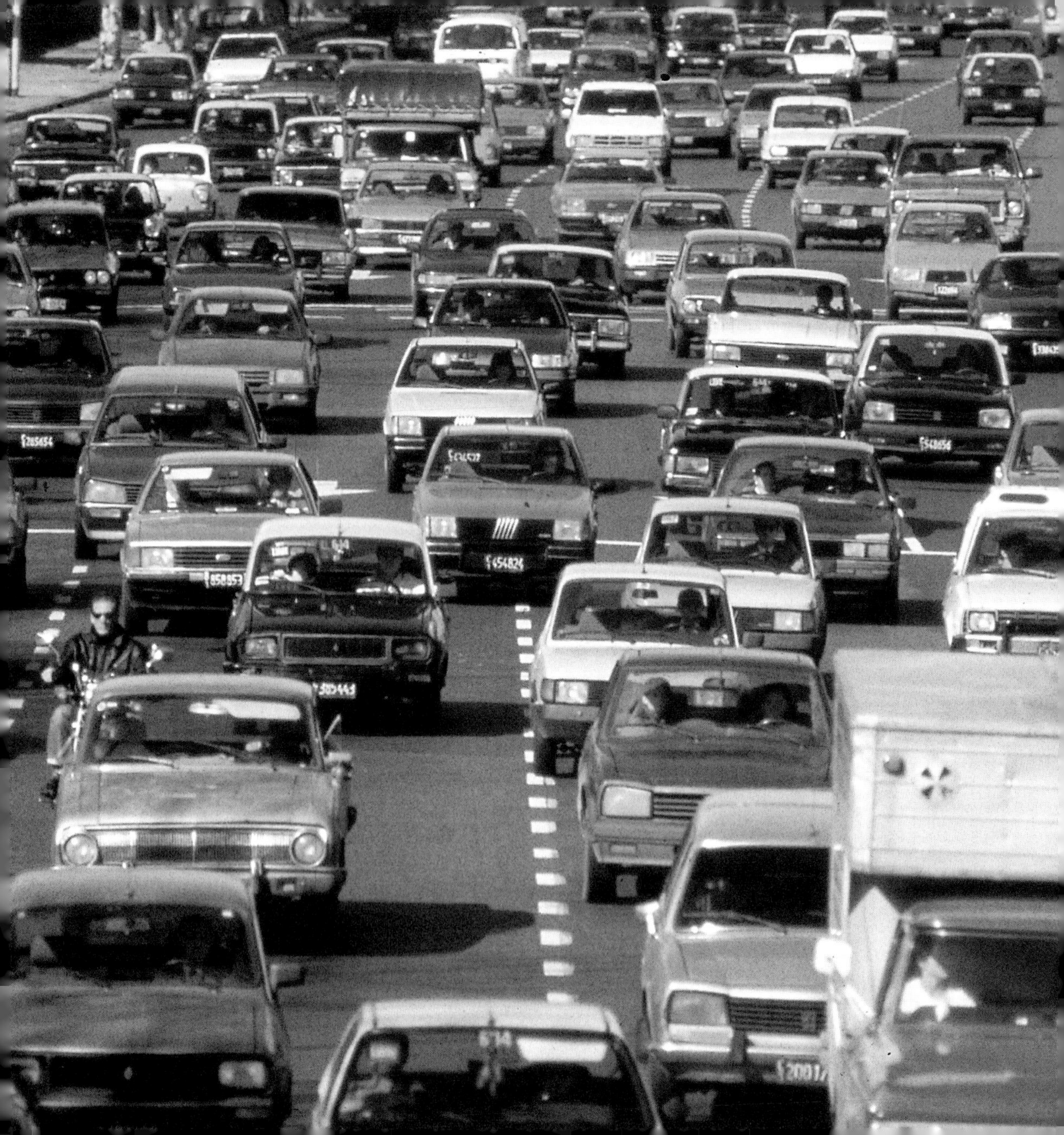

立ち上げるときには、賃借関係があまり複雑ではなく、大規模な住宅団地やビジネスパークの建設に適した大きな空き地や、安い「緑地」を事業用地として好む。結果として、この種の事業用地の様態は、設計と建設の標準化を最大限促進する動機となり、その結果、費用効率の向上と複合用途利用の否定が推し進められることになる。短期的利益と即効性を追い求めるあまり、複合的な都市開発や、その本質である社会的・環境的便益から、投資を遠ざける状況が続いてしまっているのである。

しかし、都市の不可分な社会的構造を損なうことに、より決定的な役割を演じてきたのは車である。世界には現在5億台の車があると推定されている。車は都市の公共空間の質を落とし、郊外へのスプロール化を助長してきた。ちょうどエレベーターが超高層建築を可能にしたように、車は市民が都心から離れて住むことを可能にした。それぞれ孤立したオフィス、店舗そして住宅というように、日々の生活を部分部分に分割するという全体構想を、車が実現可能なものにしたのである。都市が広がるにつれ、公共交通は広域化して不経済になり、そして市民はさらに車に依存することになった。産業ではなく車が大気汚染の最大の排出源となっていて、それは郊外の居住者がまさに感じている汚染であるにもかかわらず、世界中の都市は車利用をさらに推進する方向にその様態を変えつつある。合計2兆立方メートルの排気ガスが毎年排出され続け、車の数は2010年には1.5倍、2030年には2倍に達すると推定されている。矛盾することに、個人の立場から見れば、車は依然として、20世紀において最も自由をもたらした、最も望ましいテクノロジーの産物である。車は大量生産され、そのうえ政策的助成を受けているだけに安価である。都市が公共交通に全面的に頼れるようには計画されてこなかったがゆえに、車は実用的でもある。車は、抗しがたい魅力をもった文化的イコンであり、魅惑と地位を表象している。

車の個人所有の増加がどのように問題を引き起こすか、簡単な図式をお見せしよう。まず最初に、かつて地域の遊び場や、人々の日常的な出会いの場であった街路を、車が占拠する。車一台あたりの駐車スペースとして、効率的な駐車方法でも20平方メートルは必要である。たとえ5人に1人しか車を持た

車、車、車
20世紀の半ばまでには、地球上には25億の人と、5000万台の車があった。過去50年間に世界人口は倍増したのに対して、車は10倍に増えた。来る25年間に車の台数は10億の大台に達すると予測されている。大量のモータリゼーションの時代が訪れ、世界中の都市に拡がろうとしている。
◀ アルゼンチン、ブエノスアイレス中心部の交通
Morgan - Greenpeace

ないと想定しても、1千万人の都市（おおむねロンドンの規模）は、車を停めるだけで、1マイル四方あるロンドンシティの10倍の広さが必要である。200万台の車を一斉にスタートして走らせれば、都市は、汚染と混雑で溢れかえり、コミュニティは攪乱され分断されてしまう。車交通が都市計画の不可欠の前提条件となっているため、街路の角や、公共空間の形態と外観は、車運転者の便益のために決定づけられている。結果として、都市総体は、その全体形態や新しい建物の空間から、道路のカーブや信号やガードレールに至るまで、この車運転者の便益というたった一つの価値基準のもとにデザインされている。1970年から1995年までの間にヨーロッパでは車の所有者は2倍に膨れ上がり、開発中の都市は車で溢れんばかりである。その状況・傾向は、国有・民間の自動車産業を支えている人々や組織によって助長され続けている。そして天文学的にハイレベルになるという未来の車利用の予測に基づいて、プランナーは道路の技術仕様に合わせて都市をデザインし、その結果として車利用の常態的増加をさらに引き起こしている。

車の交通が地域のコミュニティにどのような影響を与えるのか、異なった近隣環境にある街路を比較した調査研究がサンフランシスコで行われた。異なった近隣環境にある交通量の多い街路、少ない街路において、住宅間における個人の移動がモニターされた。そのデータは、衝撃的でありながらも、納得できうる現実を示している。それは、調査対象の街路における近隣同士の社会的なかかわり度合いは、いいかえれば、その街路におけるコミュニティ感覚の強さは、通過交通量と逆相関しているという現実である。この調査研究は、都市の交通こそが、都市居住者の疎外の根本原因であり、現代の市民性を崩壊させる核心であることを、指弾している。

幸運にも、ゾーン分けされた都市モデルの隠れたコストがようやく認識されつつある。米国では、交通渋滞によるエネルギー浪費や時間損失にかかわる経済コストは毎年1500億ドルに達し、これはデンマークの国民総生産に相当する。しかも、この数字には健康被害などを含めた社会コストをまだ考慮に入れておらず、最近、世界資源研究所（World Resources Institute）は、そのコストは3000億ドルを超えると試算している。これらの数字には自然環

友人か交通か
▶ 歩行者の通行フロー
サンフランシスコにおける調査研究は、都市交通が、街路におけるコミュニティ感覚の強さを蝕むという簡単な事実を確認させた。
ある一つの近隣環境において、交通の激しさの異なる三つの街路が比較された。交通量が増えるに従って、隣り近所への日常的な往来が減る。
交通は、都市における疎外の重要な要因である。

軽微な交通量
　　1人あたりの友人3.0人
　　　　　　知人6.3人

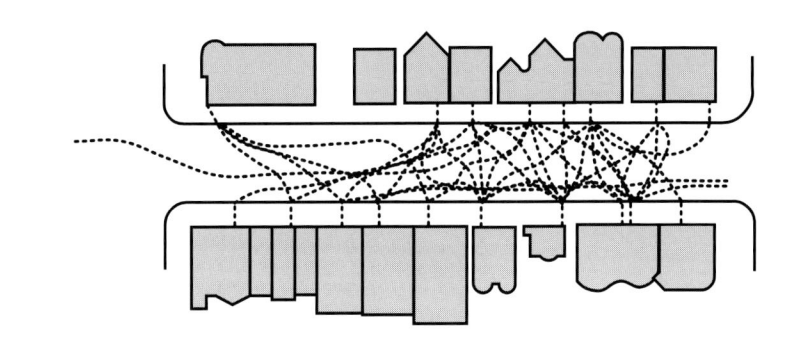

ふつうの交通量
　　1人あたりの友人1.3人
　　　　　　知人4.1人

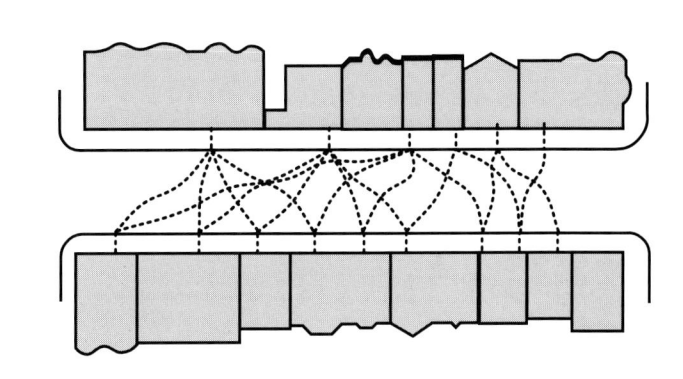

激しい交通量
　　1人あたりの友人0.9人
　　　　　　知人3.1人

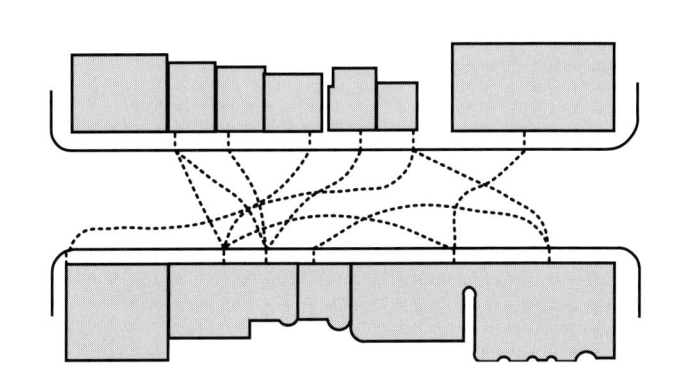

境の損傷は含まれていない。また、重大なことには、排他的な郊外への移転がますます進んで都市が一層空洞化する一方で、都市のなかの疎外され不潔で隔絶された地区でかろうじて生計を立てる状態におかれている市民の孤独や不自由にかかわる社会コストも含まれていない。最近ニューヨークタイムスはその第一面で、スプロール化した「理想郷」都市フェニックス、デンバー、ラスベガス、ソルトレイクシティが生みだした、交差点すべてが渋滞することによる自動車交通の停滞と汚染にかかわるゆゆしき問題について報じた。フェニックスの人口は、ロスアンジェルスの人口のほんの3分の1にすぎないにもかかわらず、都市域はロスアンジェルスよりも大きくなっている。その大気の質は、南カリフォルニアに次いで米国で最悪のレベルである。

現代のコンパクト・シティを創造するためには、単一機能による開発と、車による支配を否定しなければならない。課題は、コミュニティが栄え、流動性の高い都市をどのようにデザインするかということである。それは、いいかえれば、いかにして地域社会の営みを車が阻害することなく、人々の流動性が高まるようにデザインするのかということである。またそれは、いかにして汚染のない交通システムに寄与するようにデザインし、これを推進するのかということであり、またいかにして歩行者とコミュニティに好ましいものとなるように私たちが利用する街路における人と車のバランスをとりなおすのか、ということでもある。

コンパクト・シティはこれらの課題に応えるものである。コンパクト・シティは、公共交通機関のノード（結節点）に位置する社会的・商業的活動の中心まわりに発達する。それらの中心は、近隣界隈（neighbourhoods）が育まれる焦点となる。コンパクト・シティとは、それらの近隣界隈のネットワークであり、それぞれが公園や公共空間を持ち、プライベートな営みと公共的な活動の多様な混じり合いを生み出す。タウン、集落、広場、公園といったロンドンのもつ歴史的骨格は、こういった多核的な発展パターンの典型である。最も重要なことは、これらの近隣界隈が、コミュニティの至近距離内に雇用を生み、種々の施設を呼び込むことであり、その近接性は、日常生活において車を運転する必要性を減らすことになる。大きな都市では、これらの近隣界隈の

コンパクトで用途が混在された「ノード」が人々の移動の必要性を減らし、創造的でサステナブルな近隣界隈関係を創る

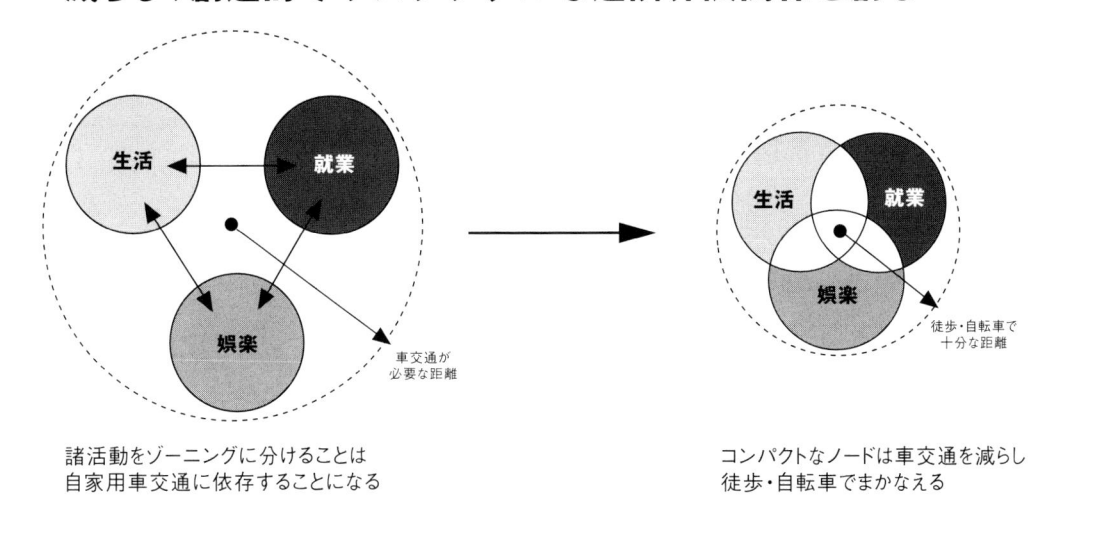

諸活動をゾーニングに分けることは
自家用車交通に依存することになる

車交通が必要な距離

コンパクトなノードは車交通を減らし
徒歩・自転車でまかなえる

徒歩・自転車で十分な距離

生活　就業　娯楽

地域の制約条件に応じて、コンパクトなノードを大量交通機関で連結できる

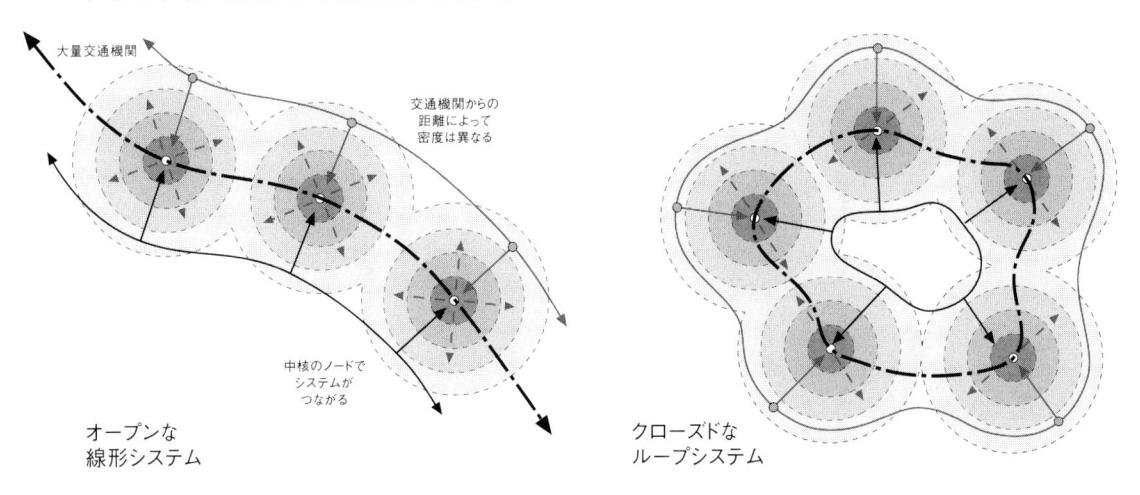

大量交通機関

交通機関からの距離によって密度は異なる

中核のノードでシステムがつながる

オープンな
線形システム

クローズドな
ループシステム

中心を相互に繋ぐ大量交通機関がまちの間の高速移動を可能にするとともに、地域独自のシステムが近隣交通を担う。こうすることによって、通過交通の量や影響が特に近隣界隈の公共的な中心部まわりで減り、それらを緩和しコントロールすることが可能になる。地域の路面電車や、簡易鉄道（Light train）、電気バスがより効果的になり、自転車や散歩はより快適になる。街路における混雑と汚染は劇的に減少し、公共空間における安心感や賑わい感覚は高まる。

サステナブルなコンパクト・シティによって、都市が、コミュニティを基盤とした社会のための理想的なすみかとしての地位を取り戻しうることを私は力説したい。それは、確とした都市構造の在り方であり、あらゆる文化の様態に対応したあらゆる方法・やり方を反映している。都市には、そこに身を寄せる人々、顔と顔を合わせる出会い、人間活動の盛りあがりを沸き立たせるもの、そして地域文化の創造と表出がなければならない。たとえその気候が温和であろうが厳しかろうが、その社会が豊かであろうが貧しかろうが、サステナブル・デベロップメントという長期的な目標に立って、健康で汚染のない環境の中に活気あるコミュニティのための柔軟な構造を作らなければならない。

近接性、良好な公共空間の提供、自然環境の存在、そして新たな都市技術の探求は、高密な都市の大気の質と生活の質を劇的に改善する。コンパクトさのもう一つの利点は、田園そのものを都市開発の侵食から守ることができるということである。似たような活動をまとめるよりも、多様な活動を集中させる方が、いかにエネルギーの使用効率を上げることができるのかを示してみたい。コンパクト・シティは田園と同じくらい美しい環境を提供できうるのである。

1991年、上海市長は、都市の新街区の戦略的枠組みの実践的な提案をするよう私を招聘した。このことは、私たちにサステナブルなコンパクト・シティの原理を探求し、実践する機会を与えてくれた。

この委託の背景には意義深いものがある。中国は12億の人間を抱え、それは

世界人口の4分の1を構成する。彼らの国では、地方部から都市部への史上最大の人口移動が進行しつつあり、一世代に満たない期間に、少なくとも8000万もの人々が中国の主要都市周辺のバラック地区に移り住みつつある。歴史的に、中国人は都市とその後背地である農業地域を一体的に見てきた。今日ですら、上海都市圏では、野菜と穀物の自給がほぼ可能である。しかしながら、工業化と都市化を急激にすすめるなかで、自然環境は痛めつけられてきた。大気汚染の最もひどい世界の10都市のうち、5つまでが中国にある。中国の7つの最重要河川水系のうち、4本の水系は汚染されている。中国全土の3分の1近くは酸性雨にさらされている。深圳、東莞、珠海などの都市は、建設資材を供給するため、あるいは将来の開発を見込んだ道路の舗装のために、田園地帯の途方もない区域を平坦化してしまった。深圳のような都市では、過去15年間に人口が10万人から300万人へと膨れ上がった。都市化は、共同体的な田舎社会から消費型社会への変貌の第一段階である。中国の新しい都市は、公共交通機関のまわりではなく、自動車道のまわりに開発されている。そのため、車の所有は、2010年までに現在の180万台から2000万台へと増えると予想されている。新しい都市の人口が膨れ上がるにつれ、工業化のプロセスが進展し、消費財の古典的メニューが供給され、中国の経済的「奇跡」の基盤である高度経済成長を支えている。

1990年現在、世界で5番目に大きい都市上海は、1300万人の人口を擁していた。その5年後には1700万人以上にすることが計画されていた。上海の野望は、中国の商業の中心地としての地位を確固たるものにし、世界金融での一大勢力となることにある。悲しいことに、この都市は、西洋の時代遅れモデルの轍を踏もうとしており、700万人の自転車利用者を自動車利用者に転換しようとしている。上海は魅力的な都市であり、密度があり活気にあふれている。20世紀初頭のオフィス建物群は、バンドと呼ばれる川辺沿いの並木道を縁取っている。バンドは、ニースのプロムナード・デ・ザングレの優雅さと、リバプールのマージサイドの力強さを備えたウォーターフロントである。しかしながら、バンドは上海の車社会への移行の最初の犠牲者となってしまった。川沿いの連続的な駐車場と、都市から川への見事な眺望を塞いでいる高架の散策路への通路を作るためにその荘厳な並木は切り倒されてしまった。

中国の都市の奇跡?
▲ 上海旧市街から見た浦東
G. Pinkhassov - Magnum
▶ 深圳は、過去15年間に人口が10万人から300万人へと膨れ上がった。中国は、新しい都市を満たすために、何百万という地方部の人口の都市への移動を推進している。
Donoan Wylie - Magnum

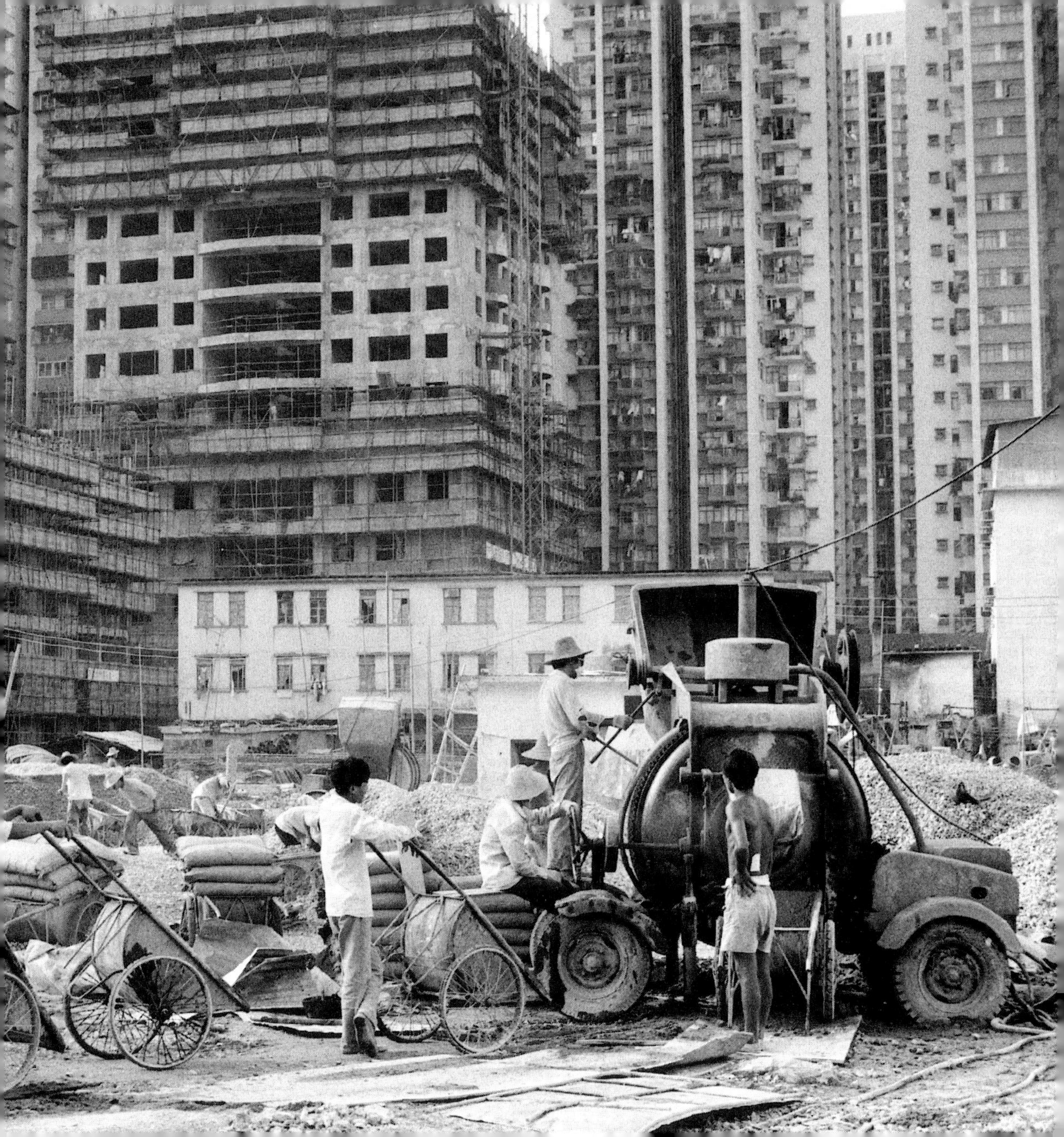

川そのもの——黄浦江——は、幅1キロメートルにも及び、様々な形や大きさの商業船が縦横に行き交う。川を渡った反対側が浦東であり、何千ヘクタールにも及ぶ巨大な開発地区である。浦東のなかの上海の旧市街中心街と川を挟んだ反対側に、新開発地区である陸家嘴の敷地が横たわっている。陸家嘴は1.5平方キロメートルの涙型の平面形状をした地区であり、その形状はロンドンのアイル・オブ・ドックに驚くほど似ている。最近、浦東は陸家嘴で、世界で最長スパンの二本の橋及びトンネルのネットワークによって上海旧市街と結ばれた。陸家嘴は50万人の勤労者のための純然たる事務所地区として計画され、それはロンドンのカナリーウォーフ型の開発とみなせる。ただしその規模は何倍も大きい。

上海は豊かな都市文化を持ちあわせているにもかかわらず、上海市当局から提案された計画は旧市街の文化や商業活動のもつ多様性に背を向けるものであった。多様なものとは対照的に、新街区は単に国際的な事務所の使用者のためのもので、主として車でのアクセスを想定してデザインされていた。交通エンジニアはラッシュアワー時の莫大な交通量を予想し、これに基づいて巨大な道路システムを計画した。それは、しばしば二層にも三層にも重層した道路システムと、それに対応した歩行者用地下道や歩道橋から成っている。道路の占める面積の割合はニューヨークの3倍にも達する一方で、建物密度はニューヨークの半分にも達しておらず、その結果、私たちが計画に参画した時点でかろうじて地区の3分の1しか建物用地として残されていなかった。それぞれの建物用地は高速道路によって孤立しているため、この原案通りにいけば、車の海の中に個々の建物群や高層タワーが孤立して建っている街区になったはずである。それは、ある人々にとっては、現代の国際都市という形をとった経済発展の究極的なイメージであった。

対照的に、私たちは、この都市のもつ活気と切り離された金融特別区を創り出さないことを心がけ、公園や公共空間のネットワークによる質の高さをもった地区として、また主として公共交通機関でのアクセスが可能な多様性をもった商業・住居地区として、さらに浦東全体の文化の中心となれるような地域として、陸家嘴を見なしてその構想を進めた。このようなアプローチを取

車を運転しよう

▲ 上海は700万人の自転車利用者を自動車運転者に転換しようとしている。
Michael k. Nichols - Magnum

ることによって、例えばロンドンのカナリーウォーフなどの単機能型開発を破綻させたことで悪名高い、国際的なオフィス市場における好不況のサイクルからこの地域が防護されることを期待した。ひとことでいえば、私たちが計画づくりで目指したのは、在来的方法による計画と比べてエネルギー使用量が半分で、環境に対する影響が限定されているにもかかわらず活気が近隣界隈に満ちているサステナブルなコミュニティを創造することであった。

私たちの計画チームで交通や環境を担当したエンジニアであるオーブ・アラップ・アンド・パートナーズは、様々な活動が広く入り混じり合い公共交通を重視した私たちの案は、車による交通を減らし、60％も道路面積を減らすと計算した。これに基づいて、単機能の道路空間と多機能の公共空間のバランスを、後者の必要性を優先して変更することができた。私たちは歩行者重視の街路、自転車専用通路、マーケットが展開する場所・街路を大いに拡張し、ゆったりとした公園のスペースを確保した。こういった公共空間のネットワークは、都市における「多様なものを受容する」文化活動を可能ならしめることを探求したものであった。公共空間と公共的活動が相互に連携した一体的なネットワーク網を生み出すように公共交通が注意深く編み合わされ、それは市民の玄関ドアから、駐車場、バス、路面電車を経由して最終的には駅や空港へと繋げられていた。安全な歩道から高速鉄道や飛行機に至るまでの異なった交通モードの柔軟な階層構造は、途切れのない移動手段を市民に提供していた。

陸家嘴の中心には中央公園があり、そこから放射状の並木がつづく街路が伸び、3本の環状の大通りでこれらが結ばれていた。一番外側の通りは歩行者と自転車のみ、二番目は路面電車とバス、そして最も内側は部分的に地下化された車の主たる動線であった。この計画の全般的な目的は、コミュニティの日常生活に必要のあるものを快適に歩いていける距離にとどめ、通過交通から遠ざけるということにあった。

人口8万人の大規模でコンパクトな近隣界隈が6個、主要交通の乗換点のまわりに集中して形成され、公共領域の主要ネットワークと接続するように計

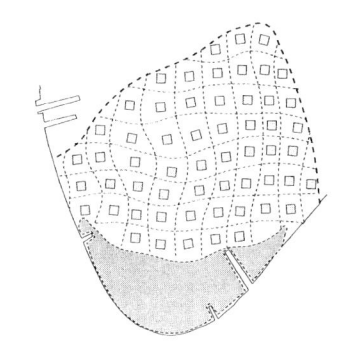

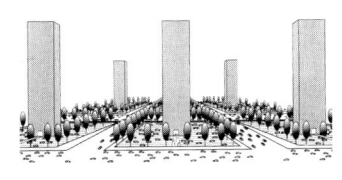

陸家嘴 - 従前案
▲ 在来の市場や交通における価値体系への過度なこだわりが、新しい地域の形態を決定付けていた。他と連携することなくグリッド状に独立して建つ個々の建物は、ひどく混雑した街路によって取り囲まれている。

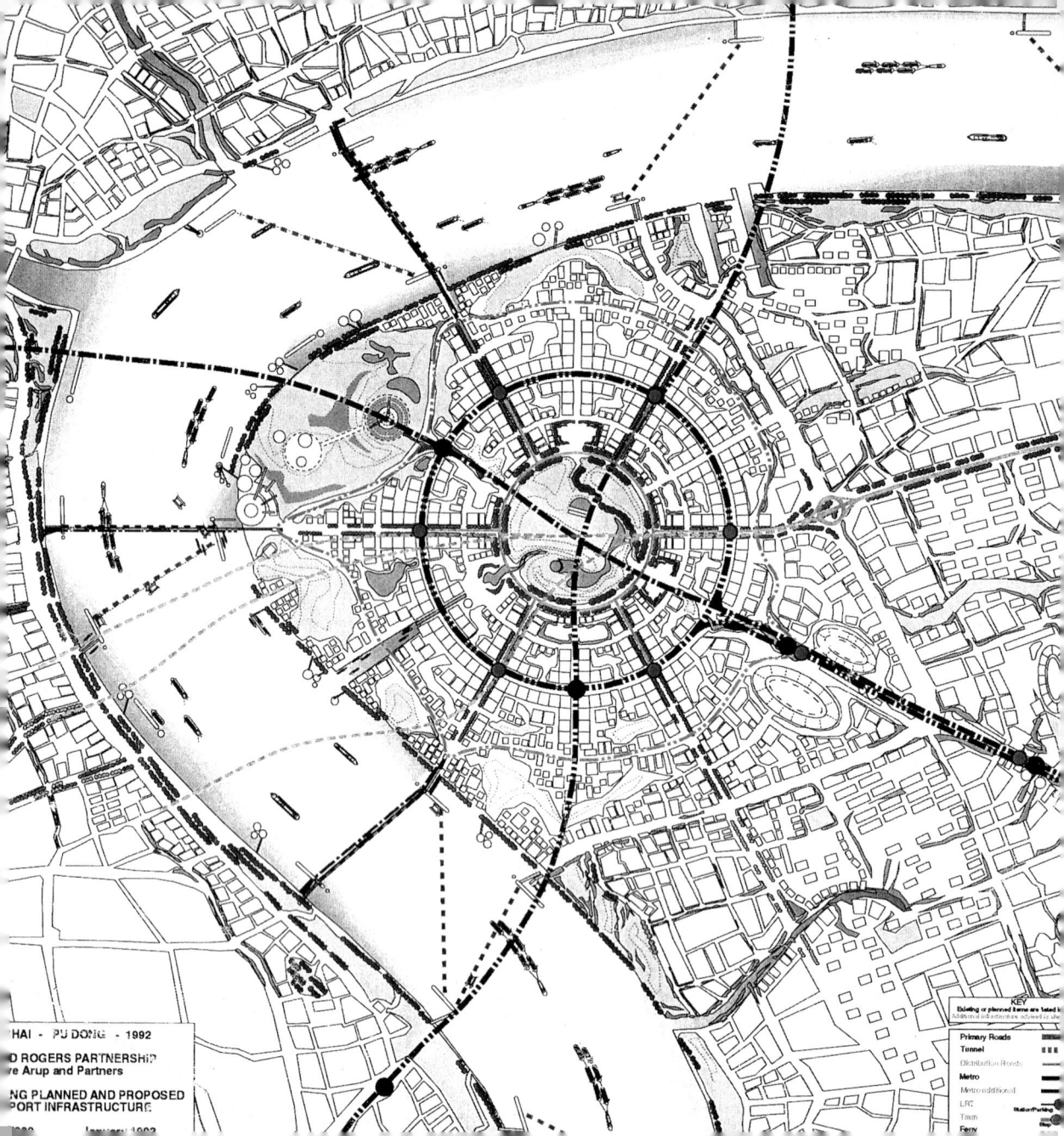

HAI - PU DONG - 1992
ROGERS PARTNERSHIP
e Arup and Partners

NG PLANNED AND PROPOSED
ORT INFRASTRUCTURE

KEY

Primary Roads
Tunnel
Distribution Roads
Metro
Metro additional
LRT
Train
Ferry

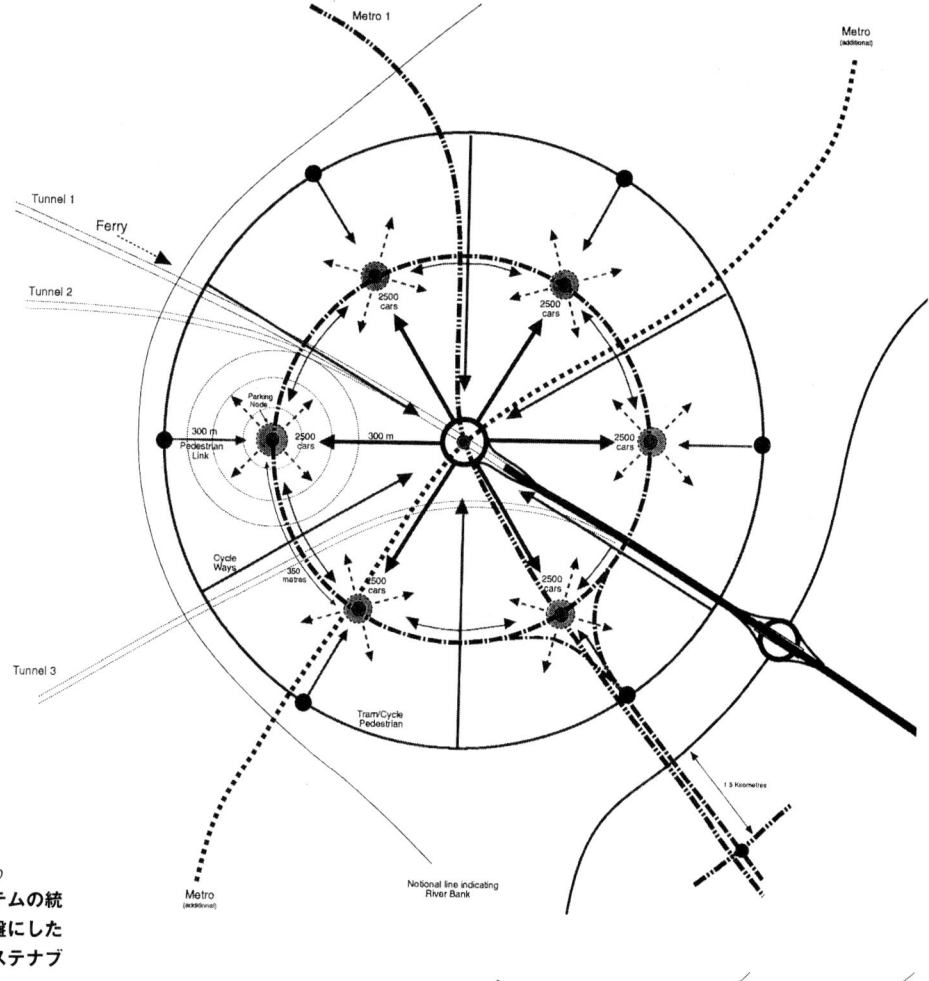

陸家嘴
Richard Rogers Partnership

公共空間と公共交通システムの統合化されたフレームを基盤にしたコンパクトで多核的でサステナブルな都市の開発

▶ ダイアグラムは鉄道、路面電車、バス及び歩行者路による交通システムの階層関係全体を表す。

◀ 交通と公共空間のダイアグラムが開発の骨格を形成する。

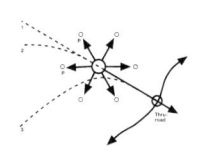

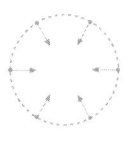

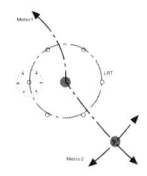

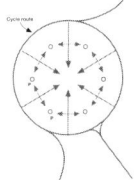

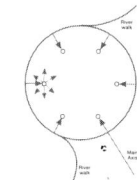

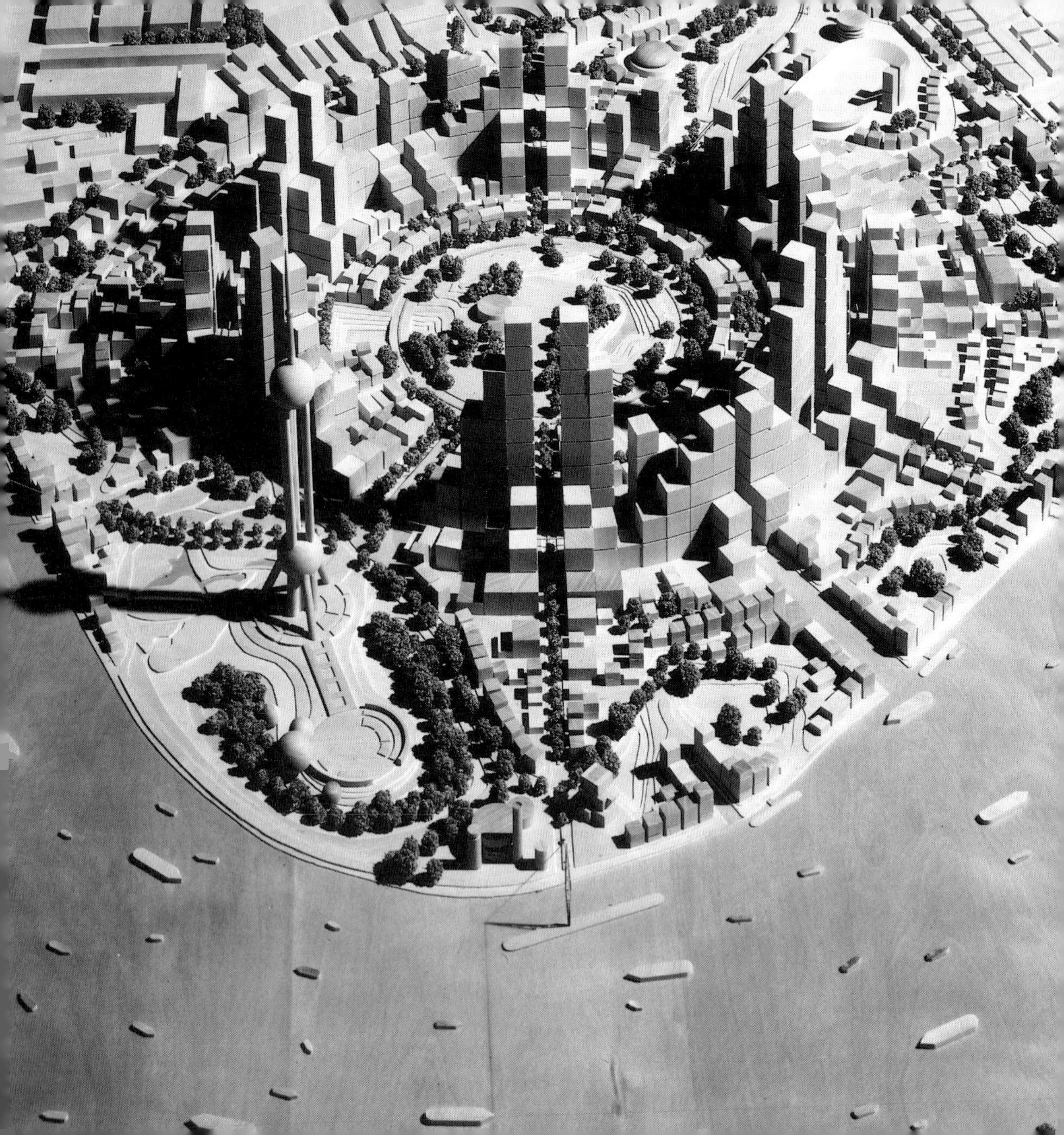

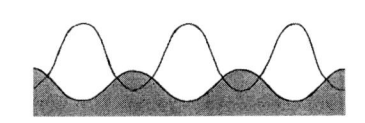

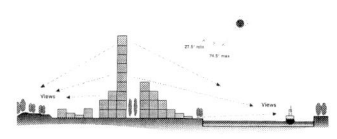

画された。それぞれの近隣界隈は独自の特徴をもち、全てが中心の公園、川、近接の近隣界隈から徒歩10分圏内に配置されていた。オフィス、商業施設、店舗及び文化施設は、賑わう地下鉄駅の近くに配置され、一方、住宅は、病院、学校などのコミュニティ施設とともに主として公園まわりと川沿いにクラスター状に配置されていた。

道路面積と孤立した敷地を減らすことで、街路や広場が形成されるように、建物をお互いに連結することができた。高密度ではあるものの、建物の高さを変化させることで、日差しや昼光を街路や広場や大通りに導き入れ、そこに潤いや多様性をもたらすことができた。また、屋根の形状に変化をつけることで、人工照明に使うエネルギーを倹約しつつ、眺望や建物それ自身への自然光の導き入れを最適化することもできた。こうした全体の構成によって、連なる高層タワーを景観上の頂きにした、高密度な都市の輪郭が作られた。それは、上海の旧市街からみて、川越しに印象的なスカイラインを描き出したはずである。

コンパクト・シティという考え方全体は、様々な係わり合いが効率改善のきっかけを作ることを前提にしている。様々な活動の重なり合いから成り立つコンパクト・シティは、例えば、活気があるにもかかわらず、車による移動の必要性を減らし、その結果、通常は都市のエネルギー消費の4分の1を占める交通に使われるエネルギーを劇的に減らすことができる。車が少なくなれば、渋滞が減り、空気の質が良くなり、車に乗るよりもサイクリングや徒歩の方が良いと感じるようになり、フィルターを通したエアコンの空気よりも窓を開けて新鮮な空気を入れた方が心地よくなる。

道路面積が少なく、緑化された公共空間の多いコンパクトな形態の都市には、もう一つ環境的利点がある。それは、公園、庭園、木々をはじめとする緑が、夏に、街路、中庭や建物に影を落としてこれらを冷却する効果があるような植生を作りだすことである。都市はその後背地よりも、通常1〜2℃暖かい。緑豊かなランドスケープが都市で集積していけば、都市のヒートアイランド現象は緩和され、ある程度まで、機械的空調の必要性を減らす。植物は騒音

陸家嘴
Richard Rogers Partnership

▲ 新都市の輪郭は、自然光が街路や建物に最大限行き渡るようにすることと、卓越風を空気の冷却や新鮮な空気の供給に用いることを考慮して、設定された。

◀ 都市の骨格に関する大方針を示した最初の案の模型。六つの混合利用された近隣界隈が、空間的に中央の公園を形作る。様々な高さの建物が、他の建物や公共空間への影響が軽減されるようにグループ化されている。

レベルを低下させ、汚染を浄化し、二酸化炭素を吸収して酸素を作り出し、新鮮な冷気を送る機械的空調の必要性を減らす因子となる。逆に、植物がなければ暑苦しく汚染された地区になってしまう。都市の緑は雨を吸収するので、雨や嵐による増水の危険も軽減する。緑は都市において精神的な安らぎをもたらし、都市における野生動物の広範囲な多様性を維持することにも寄与できる。

コンパクト・シティはエネルギーの無駄を減らす。発電は副産物として温水を生み出すが、在来型の発電所ではこれらは単に捨てられてきた。地域の発熱と発電を組み合わせた施設（CHPs）は、電気を供給するとともに、需要地への近接度合いによっては近くの建物にパイプで温水を供給する施設としても使え、これによって在来の都市の動力供給における効率を2倍以上改善することができる。通常、埋め立てるか焼却処分され、そのどちらにせよ、汚染を引き起こしてきた都市のゴミは、CHPsで燃やされコミュニティのエネルギー需要の最大30%を供給することができる。多様な営みが複合する都市では、ある営みの廃熱を他の営みで用いる連鎖をつくるのは容易である。例えば、事務所建物での余剰熱は通常周辺環境に放散されるが、病院、住宅、ホテルあるいは学校が適度に近いところにあれば、そこでその余剰熱を再利用することができる。

ヒトが出す栄養豊かな汚水は、現在のところは、環境を傷つけるほど高度に濃縮されて排出されているが、その方法をあらためて、それらをメタン燃料のペレットや肥料の原料としてリサイクルすることも可能である。中水道用水（grey water）は、敷地内の自然のシステムで浄化し、都市の緑への散水に用いたり、地下水として地域の多孔質浸透性の地層に再び貯めておくことができる。産業目的の人工林の下に汚水を流し込むという実験的な下水処理のシステムがあるが、これによって、森林、木々や草木の成長が早まり、浄化された地下水が再び地域の地層に貯蔵されることが確認されている。これからの新たな千年紀においては、清潔な水が深刻な資源問題になるとみなされており、私たちは、その効率を最大限に向上させるシステムを開発しなければならない。

いくつかの北米の都市では、都市で発生する廃棄物を70%リサイクルすることを達成した。これは、コペンハーゲンの55%、ロンドンの5%と対照的である。都市の廃棄物は埋蔵された資源として見なすべきである。

在来のシステム —— 遠隔地での発電

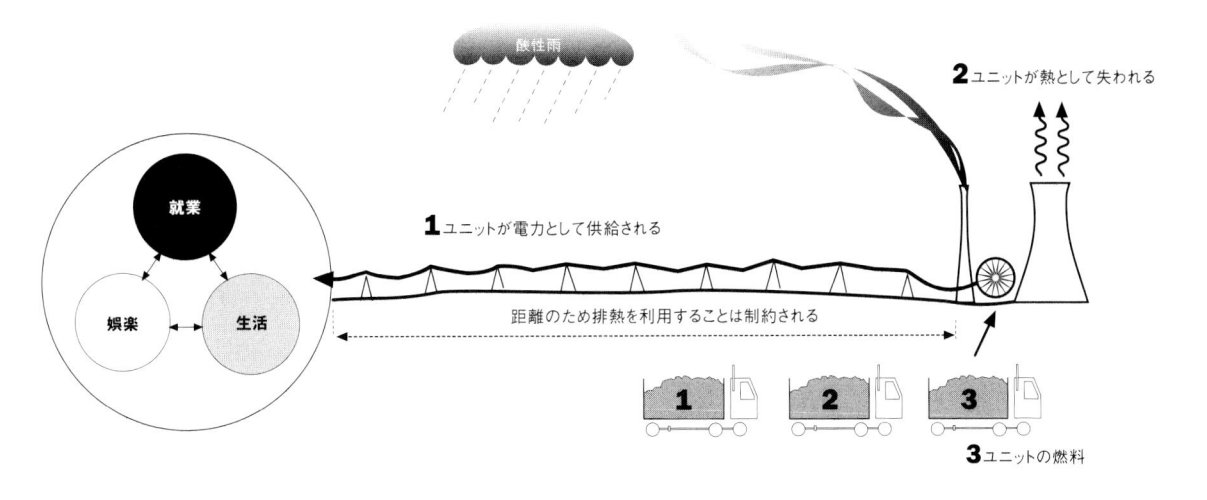

酸性雨

1 ユニットが電力として供給される

2 ユニットが熱として失われる

距離のため排熱を利用することは制約される

3 ユニットの燃料

（就業／娯楽／生活）

コンパクト・モデル —— 地域での発電と廃棄物のリサイクル

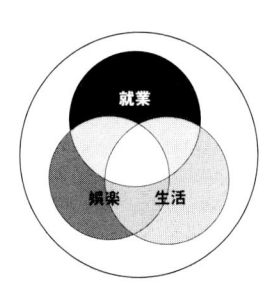

汚染は70%減少

熱と電力を出力

CHP

1 ユニットの燃料

きれいな廃棄物が入る

CHP

2/3 ユニットの燃料

コンパクトな混合用途の開発では各種活動間でのエネルギーの共同利用が可能となる

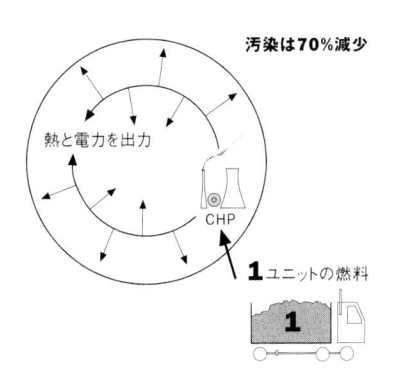

地域の発熱発電混合施設（CHPs）は熱と発電の両方を供給するため効率は2倍である

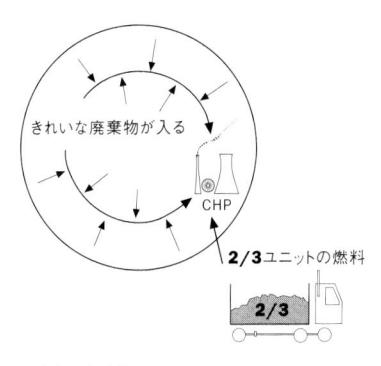

地域の廃棄物はCHPsで燃やすことができ、これによってさらにエネルギーの使用量が減らせる

上海プロジェクトに着手した時点で、私たちはエネルギー使用を全体で50%下げることを目標としていた。後に、この循環的なアプローチの効果を試算したところ、70%のエネルギーが節約されるであろうことがわかり、私たち自身驚かされた。商業的に見れば、これは、新たに建設される発電所への需要が縮小することを意味しており——これは環境的にも良いニュースであるが——、このことはまたビジネスや住まい手にとっての居住コストが長期的に劇的に削減されることを意味する。

サステナブルな都市計画は、現代都市の価値を構成する様々な要因の複雑なマトリックス的な組み合わせを総合的に処理できる、コンピューターを用いたモデル化によって可能となる。上海のプロジェクトでは、私たちデザインチームは、エネルギー消費、交通需要、駐車場の必要量、歩行者の動き、日照の最適化などが、デザインの方針によってどのように影響されるかを定量的に予測することができた。昼夜を通じて、また季節を通じてエネルギーの使用を最も効率的にするために、このコンピューターのモデルを用いて、地域における様々な活動の混ざり合いを調整して計画した。このコンピューターモデルはまた、道路、公共交通及びエネルギー・インフラ整備に必要となるであろう公共投資を計算上の変数として扱い、金銭コスト及び環境コストに関して種々の対案を定量的に相互比較することも可能にした。高度に組み上げられたコンピューターモデルは、設計に参加する全ての人々にとって、作業を相互連携させ、一つ一つの意思決定のもつ意味を評価するための手助けとなった。さらにこのモデルは、都市計画に関する複雑な課題・論点について、上海市職員、投資家、市民と意思疎通する際、私たちにとって、最も有効な道具でもあった。

これらのサステナブルな戦略のいずれかを上海市が採用するかどうかは率直にいって疑問である。政治的・商業的圧力によって既に用地が切り売りされている。敷地は既にグリッド状に区切られ、私たちが計画した公園予定地のまさに真中に、中国で最も高い超高層ビルが建つ予定である。現在の建築プロセスによって、既に分譲された用地にサービスを提供するため、新しい道路を作る必要が生まれており、その結果おそらく、市場主義主導のサステナ

ブルではない古典的な開発の形態が出現することになるであろう。中国政府がサステナブルな都市のための不退転の決意と自らの深い関与を示さない限り、中国政府が都市というものはある程度もっているものだと高を括っているよりははるかに大規模の、激しい交通渋滞や汚染、社会不満にまもなく直面してしまうことになろう。

陸家嘴プロジェクトは強制するようなモデルではなく、むしろ、サステナブルな都市開発計画を志向した取組みを、地域に則してはじめて具体的な形で示したものである。この計画のもつ卓抜した特徴は極めて重大である。小さな村落から最大規模の都市に至るまで、膨大な資源のあるところからすこぶる少ないところに至るまで、サステナブルな考え方とそれに基づく計画は何らかの利益をもたらす。例えば、小さな町は、都市と農業を統合した戦略の可能性を示しつつ、理想的なサステナブルな発展を実現することが可能になる。しかしながらどの場合でも、サステナブルな都市を作っていくためには、コミュニティの物理的・社会的・経済的ニーズを構成する要因を考慮にいれ、それらの要因をより良い環境のために関連付ける、包括的な計画技術が必要である。こういうタイプの計画には、人口、エネルギー、水、交通、地勢、雇用、そして何よりも地域の技術と文化に関する比較分析が不可欠である。

1994年、私たちに、この取組みを小さな規模でテストする機会が与えられた。私たちは、マジョルカ島の丘に、「脱工業化社会」における情報に基盤をおいた人口5000人のテクノポリスを計画する委託を受けた。その場所は大学という知識の源泉に近接していて、理想的な気候に恵まれた質の高い環境に立地していた。

私たちの最初の課題は、この乾燥した土地に立つこの新しい居住地においていかにして水を自給自足するかという、最も明瞭な問題を解決することであった。私たちと協働した環境コンサルタントは、この周辺地域の年間降雨量の10％を集めれば、新しい居住地に水を供給し、地域の穀物への灌漑を改善できると試算した。私たちは乾いた丘の上に弧を描いて広がる三つの村落を繋ぎ、コミュニティを構成する計画を提案した。新たな分岐ネットワーク

は、地域の水を供給し、噴水や水路や池から成るシステムに水を注ぎ、これによって街路や広場を冷やし、木や植物を灌漑するものであった。村から流れ出た雨水と中水道用水は周囲の農地を灌漑するために活用される。近隣の農地への灌漑の改善は、穀物生産の量と種類を大幅に増やし、結果として伝統的な農業コミュニティそのものの活性化を推し進める。

私たちは、既存の入手できうる再生可能なエネルギー源を活用することに腐心した。これには、太陽光発電や、タービン利用の風力発電、そして柳のような地域の草木類をCHPs（混合熱発電施設）で燃やして動力を得ることが含まれる。このことは、農業における雇用を増やし、発電時に発生する二酸化炭素を新たに成長する植物によって吸収するという循環の輪を形づくらせることになる。これは、光合成を通した、効率の良い再生エネルギーの利用法である。

建物は、街路や中庭を冷却し、かつまたそれらを外界から守るために、その構成要素が最大限に活用できるようにレイアウトされた。これは、それぞれの環境条件から便益が得られるように建設のかたちを決めていくプロセスであった。人々が歩くことを促し、賑やかさが生まれるように街路のパターンがレイアウトされた。このマジョルカ島の開発では、コミュニティにとって健康的で社交的な生活スタイルが推進され、安価で運営に費用のかからない居住地が創造されるように、地域の資源、特に労働力を最大限利用することが追求された。こういった規模のサステナブルな開発は、砂漠のまちから山間の村落に至るまで様々な伝統的集落を形づくったプロセスを多くの面で忠実に反映しているといってよい。

サステナビリティの考え方は、「都市の再生」プロジェクトや「再開発」プロジェクトにも適用されなければならない。過去20年間、開発が進展した国々のほとんどの都市は、猛烈な脱工業化（de-industrialization）に苦しんでいる。それは、放棄された広大な跡地を生み出している。それらのうち多くのものは主要交通路や、川、貨物輸送路、運河、海岸に沿って立地している。またそれ以外の都市、例えばベルリン、ベイルート、ホーチミン（旧サイゴン）、サ

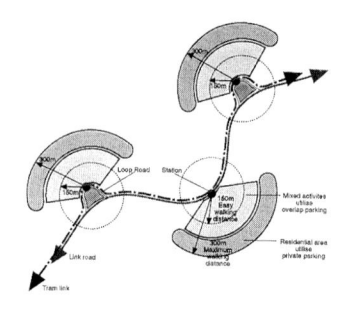

**マジョルカ・テクノポリス
初期のスケッチ**
Richard Rogers Partnership
▲ テクノポリスは約2000人の居住者からなる三つのコミュニティに分割された。それぞれのコミュニティ内は、徒歩圏内及び自転車交通圏内にだいたいおさまるように計画された。地上走行の交通システムが、これら三つのコミュニティを結ぶ。
▶ 枝と葉：街路はそれぞれのコミュニティの社会的な中核から四方に伸びている。一方、開発そのものは、なだらかな等高線に沿って展開している。丘のてっぺんには建物が置かれていない。
Eamonn O'Mahony

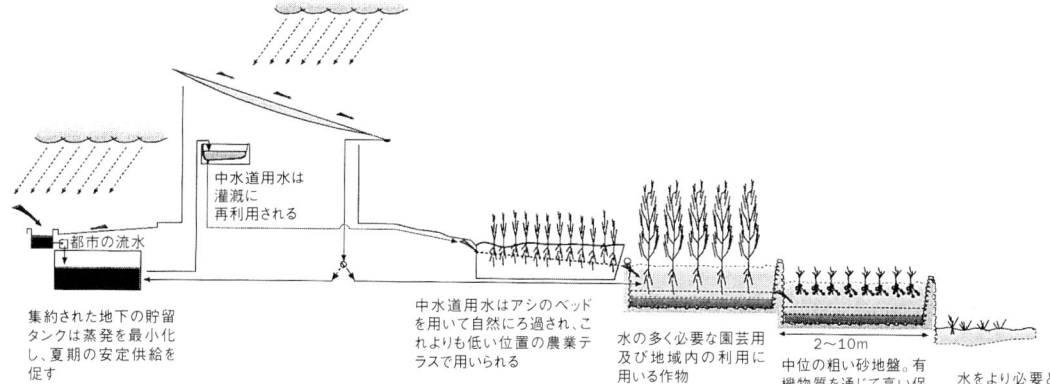

集約された地下の貯留タンクは蒸発を最小化し、夏期の安定供給を促す

中水道用水は灌漑に再利用される

中水道用水はアシのベッドを用いて自然にろ過され、これよりも低い位置の農業テラスで用いられる

水の多く必要な園芸用及び地域内の利用に用いる作物

2〜10m
中位の粗い砂地盤。有機物質を通じて高い保水性をもつ

水をより必要としない作物をより低いテラスに配置し、全く水のいらない植物をいちばん低い位置に植える

地域内の水はろ過され、植物などの灌漑に用いられる

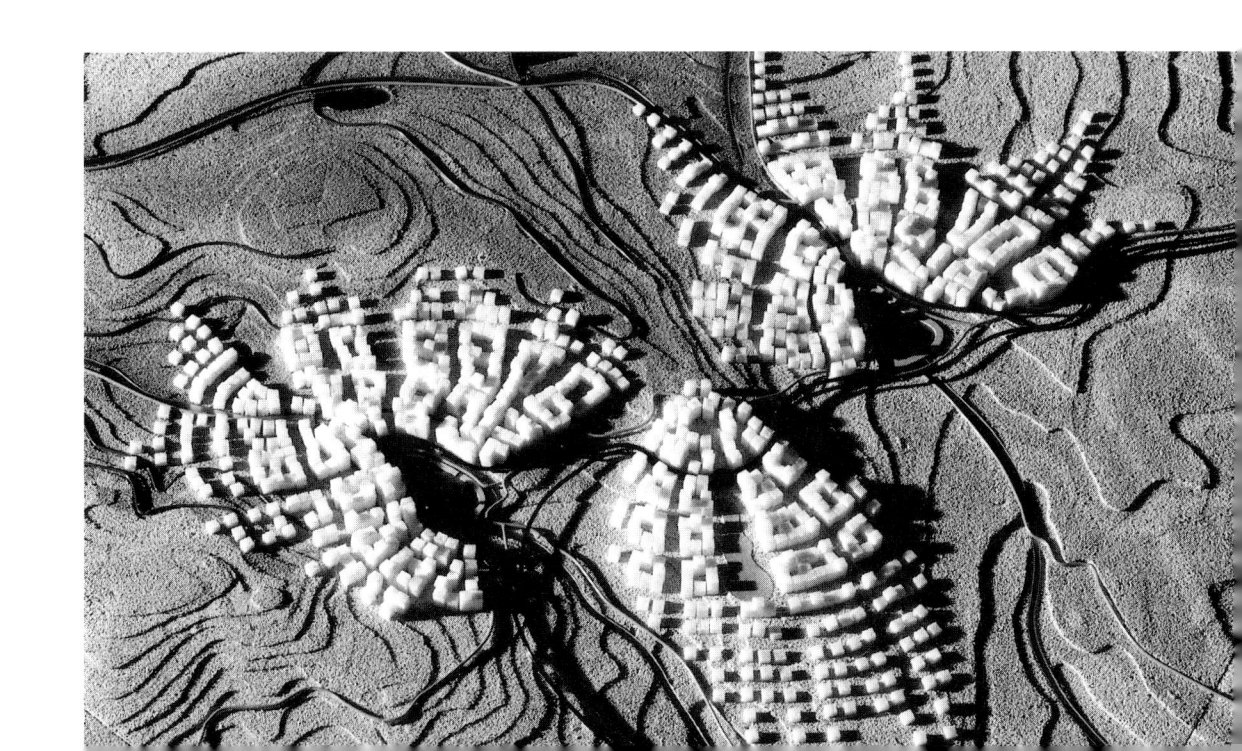

ラエボ、グロズヌイなどの都市は武力紛争によって荒廃している。ベルリンとベイルートの場合、壁や、グリーンラインが、対峙する勢力を分かち、都市を真っ二つに分断してきた。その結果として、その都市の歴史的文化的中核で最も深刻な破壊が起こることとなった。原因が産業の衰退であろうと紛争であろうと、こういった再開発地域は、都市のサステナビリティを改善するうえでの重要な機会をもたらしている。

対照的に開発途上の国々では、都市があまりに急速に成長した結果、大量のバラック街が出現した。世界の都市人口の50%は都市に新たに流入してきた人々で占められている。その多くの人にとって、初めてのそして唯一の現代都市における経験は、バラック街での生活である。ほとんどの都市では、これらの居住地（通常違法扱い）では、排水、電気、清潔な上水といった最も基本的なサービスでさえも整備されていない。不安にさせることには、政治的な不安定性、迫害、食糧不足、森林破壊、その他の圧力が、何の生計を得る経済的成算がなかろうとおかまいなしに、さらに多くの地方の人々を都市へとかりたてている。ボンベイでは、ロンドン中央部の人口にほぼ匹敵する500万人にも達する人々がバラック街に住んでいる。開発途上の国々のほとんどの大都市では、30～60%もの人々が、公式に認知されていない居住地（informal settlements）か、バラック街に住んでいると見積もられてきた。国際連合人間居住センター（UNCHS）の1986年の世界人間居住調査（Global Report on Human Settlement）によれば、サンパウロでは全人口の32%がバラック街に住み、メキシコシティでは40%、マニラでは47%、ボゴタでは59%に達する。アルゼンチンでは、こういった地区を、ビラ・ミゼラス（惨めな街区）と呼んでいる。これらの居住地は、氾濫原や不安定な斜面といった、危険であるがゆえに未利用であった土地に築かれる傾向があり、洪水、地すべり、地震などの自然災害の危険にさらされている。それらには、上水、下水、ゴミの回収やエネルギーの供給といった公共設備がなく、その結果として、住民たちは、不潔な空気、水、街路の悪影響に悩んでいる。彼らは、大気汚染や火災の危険性の低い、調理や暖房のための、安全なエネルギーを必要としている。また、上水の水質を維持し疾病を減らすための衛生設備システム、洪水を防ぐための排水システム、そしてアクセスを増やすための公共交通システムも必要とし

リオデジャネイロのバラック街、またはボンベイ、メキシコシティ、ラゴス、イスタンブール……
世界中で、都市に流入してきた人々は、下水垂れ流しのバラック街に押し込められている。例えばボゴタでは、約59%がバラック街に住んでいる。これらの公式に認知されていない居住地の多くは、不安定であるかまたは安全さを欠く土地に展開しており、地震、地滑り、疾病、水不足そして洪水の危険になすがままにさらされている。
▶ ポルトー・プランス
Jenny Matthews AVRU / Oxfam

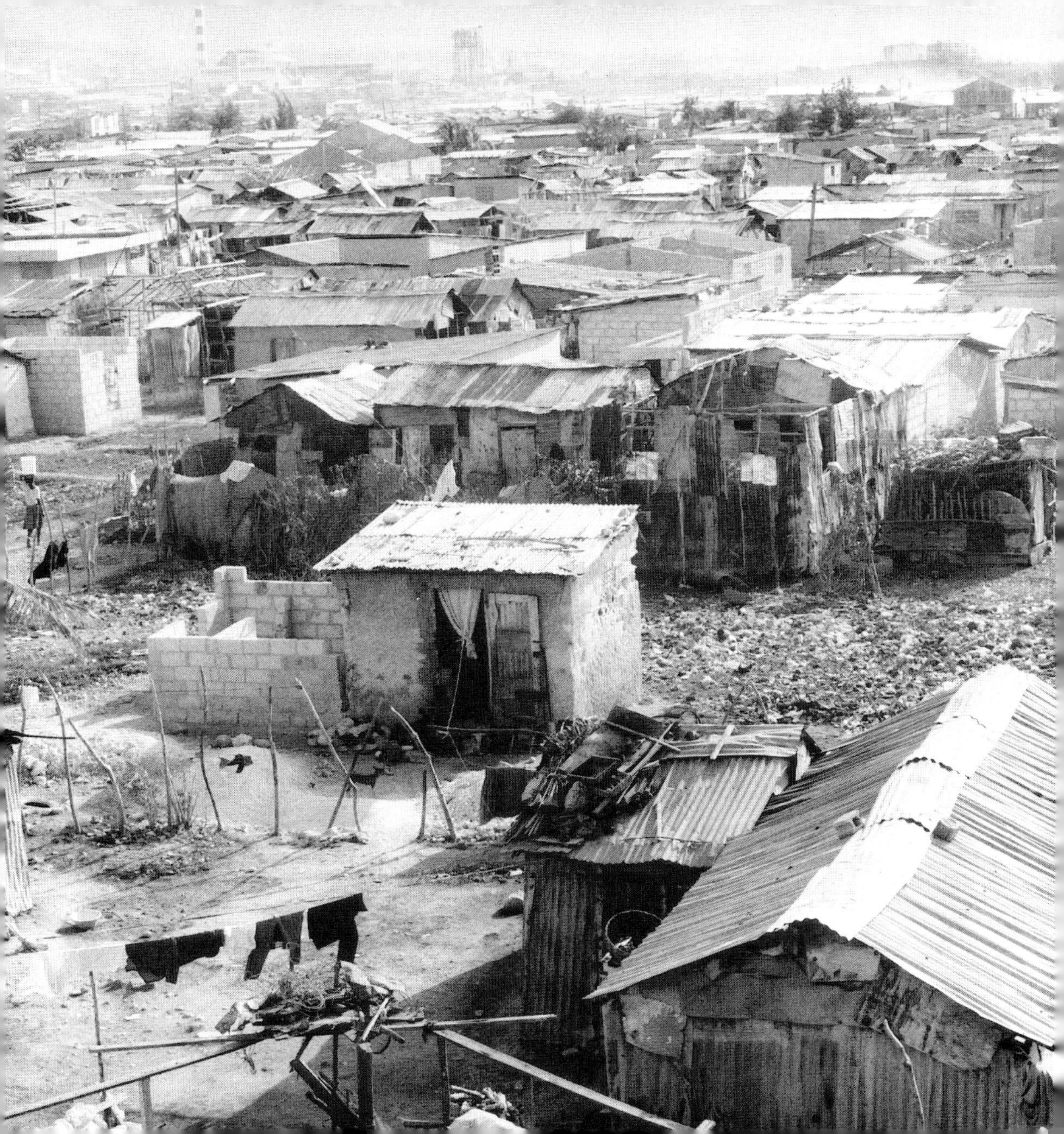

ている。

私たちは、これらの地域で人間的な生活が営めるための入手可能（affordable）な社会基盤を築くための技術的サポートと資金を見出さねばならない。また、そこに住む人々の生活状況の改善を促していくための関係者の様々な連携関係を作り出していく必要もある。こここそ、市民性と参加が大きな成果を発揮するところである。全体数から見ればほんの少しの割合ではあるが、バラック街居住地が、活気のあるローコストなまちへと変身していくために、十分な社会的団結と資源の充足性を備えていることを示した例が数例ある。そこでは、それら自身の排水設備、ケーブル、上水供給が整備され、しかも、こういった改善を行っていく順番を決めるための優先順位も定められている。ここで最も大切なことは、こういった取組み方によって、個々のコミュニティが、その固有の文化的・経済的な必要性に対応して、特有の居住状況を作っていくことができたということである。公平な富の分配が欠けている状況において、不法占拠された居住地を助ける最良の方法は、技術的なリーダーシップや、ローコストな資金や、政治的支援を行うことによって、自助努力を促すことであるといえる。

開発途上の国々で、サステナブルな発展への取組みの成功事例が現れつつある。150万人が暮らすブラジルの都市クリティバは、かつては急成長と絶望的なバラック街が引き起こすお決まりの問題に悩まされていた。しかし、いまやクリティバは、サステナブルな都市のなかのリーダーとして頭角を現しつつある。クリティバは、サステナビリティと市民参加を日常生活の基本原則とし、環境に最も高い優先順位を与えた。建築家ジェミー・ラーナーはクリティバ市長としての任期の間、広範囲の政策を講ずることでこの課題と取り組んだ。バラック街が、道路も通っていない都市の河川堤防の上に広がるにつれ、ごみは回収されないままに残り、河川堤防の上に悪臭を放つ巨大な堆積物を形成した。結果として川辺に草木がなくなり、たれ流しの下水によって川が汚染されてしまった。ラーナーは、この問題を解決するために、バラック街の住人たちの参加が誘導されることをねらって、数々の計画を打ち出していった。まず彼は、地域のごみ捨て場に運ばれてくるごみ袋と交換に、大人

には交通機関用代用通貨を、子供には本か食べ物を渡すこととした。まもなく、バラック街中にまき散らかされていた腐敗した生ごみはきれいに片付けられ、緑化が行われた。かつてはほとんどが失業していたバラック街の住人は、市長によって誘致され特別に建設された非営利のショッピングセンターで、彼らの手作りの品や製品を売る機会を与えられている。彼らは、働くことの見返りとして、食べ物、家賃、教育、健康管理などの便益を得ることができる。その結果、外から入ってくる物品に依存することなく、労働による生産と所得がコミュニティのなかで完結することになった。

ラーナーの都市戦略はバラック街のような差し迫った悲惨な問題を扱うに留まらず、クリティバ全体に及ぶものであり、広い範囲で率先的な政策がとられている。20年前、クリティバは市民一人あたり、0.5平方メートルのオープンスペースしかなかった。体系だったランドスケープのプログラムを講じた結果、今日では、オープンスペースは100倍以上にも増加し、歩行者や自転車交通のネットワーク径路も整備された。ラーナーは、急速に進む都市開発が公共交通システムのまわりに集中するように政策誘導した。クリティバとサンパウロの違いは劇的である。世界で3番目に大きく、しかも3番目に汚染のひどい都市でもあるサンパウロは、高層ビルがあらゆる方向に一体感もなく突き立った、途切れのない建物の塊である。延々とグリッドで仕切られ、汚染のレベルは劇的ですらある。しかも都市には核がないように見え、多様性も、都市としての一体感もない。

ラーナーのもとで働くプランナーたちは急速な開発の圧力に対し、単純な政策で臨んだ。クリティバでは、高層の住居と事務所ビルは、公共交通の5本の軸線上に建てるようにゾーニングされている。1キロあたり6000万ドルもかかる在来の地下鉄の代わりに、1キロあたり20万ドルしか要しない、高速で輸送力の大きい地上走行のバスの専用路線が設けられた。都市の中心部では、主だった街路や広場が歩行者専用と定められた。「花の大通り」や「24時間街区」にはクリティバにおける市民の様々な活動の中心があり、全ての主要交通システムはこの中心部をカバーしているので、車での通行の必要性をなくしている。

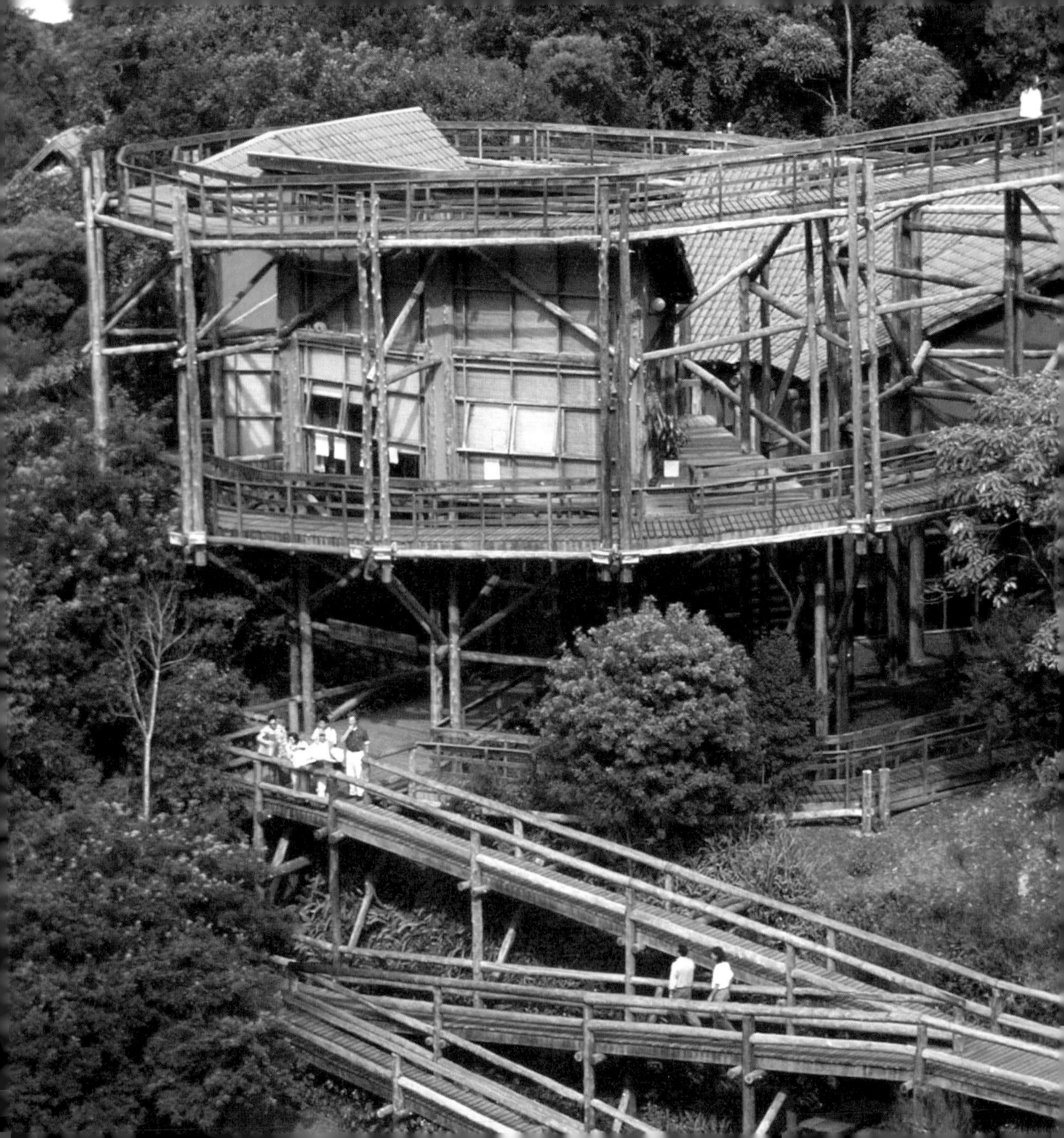

都市のなかで打ち捨てられていた石切場跡地を修景して、緑あふれる文化施設に改造していく事業に、クリティバの模範的な取組みやラーナーのもつ構想が具体的によくあらわれている。ラーナーは、予算規模そのものは控えめであるものの、三つの刺激的な文化プロジェクトを発注・委託した。まず第一に、石切場の敷地の一つに、電信柱を再利用した円形構造が建設され、その内側に「環境の大学」が設けられた。ここでは、児童と先生たちが、都市のサステナビリティの基本的な考え方と、そこから得られる結果について解説する特別コースを受講する。もう一つのプロジェクトでは、石切場の巨大な壁を劇的な背景幕にみたて、湖へと張り出すガラス張りのオペラハウスが発注・委託された。さらに第三のプロジェクトでは、2万5000人の人々を収容するコンサートや祭典に使う自然の地形を利用した劇場が発注された。クリティバは美しいというよりも荒々しいが、ラーナーの都市に対する段階を踏んだ取組みは、市民の間に本当の意味での参加意識を生み出した。彼の率先した取組みは、市民と都市を結び付けた。特筆に値することは、市民に大きなプライドを植え付け、さらなる行動をおこしていく動機付けを生み出したことである。

都市の貧しい人々が住む、公式に認知されていない居住地にかかわる深刻な問題は、コミュニティの内側から解決への取組みがなされるべきものであり、クリティバのように、これらの問題は都市計画における諸要因の絡み合いを表現した全体マトリックスのなかに組み込んで解決されなければならない。公式に認知されていない居住地は、オーソドックスな方法では計画できない。しかし、水、エネルギーなど人の生活を支える環境容量が十分にあり、しかも自然災害への防災性が経験的に証明されているような地形の上に、居住プロセスが展開されるように促す必要があることは間違いない。技術的な支援をすることや、豊富でしかもよく整備された地形学上及び気象学上のデータにアクセスできるようにすることは、安全な水、安全なエネルギーや食料を供給するための、農業と都市の戦略的な連携システムを計画するうえでの手助けとなりうる。また、予見できる環境的な事故の危険に耐えうるだけの十分な頑強さをもった居住地の様態・形式を創造するための手助けともなる。こういった技術や専門的ノウハウは主として開発が進展した国々で生み出さ

クリティバ：都市のサステナビリティの推進

▲ 地上走行の地下鉄代替路線バス（Subway Bus）の採用。それぞれの停留所は端正なガラスカプセルでできており、24時間、「車掌」が乗った人的運行がなされている。車掌は乗客に入り口で切符を売るとともに、停留所のリフトを操作する。駅及びバスは地下鉄システムのようにデザインされていて、複数の入り口があり、乗車時間や降車時間を最小化することが図られている。公共交通機関を利用することは、安全で、迅速で格好がいいことである。
Nani Gois - SMCS

◀ 環境に関するはじめての大学。クリティバにおける都市のサステナビリティに向けての取組みの一環として、それぞれの学校の授業で、教師も含めて、1週間にこの大学に滞在し、彼ら自身のささやかな介在が環境にとって本質的で実質的な便益をいかに生むのかを学ぶ。参加を推奨することによって、真の文化的精神（ethos）が発達する。それは、クリティバにおける生活のあらゆる側面を彩るものである。
Nani Gois - SMCS

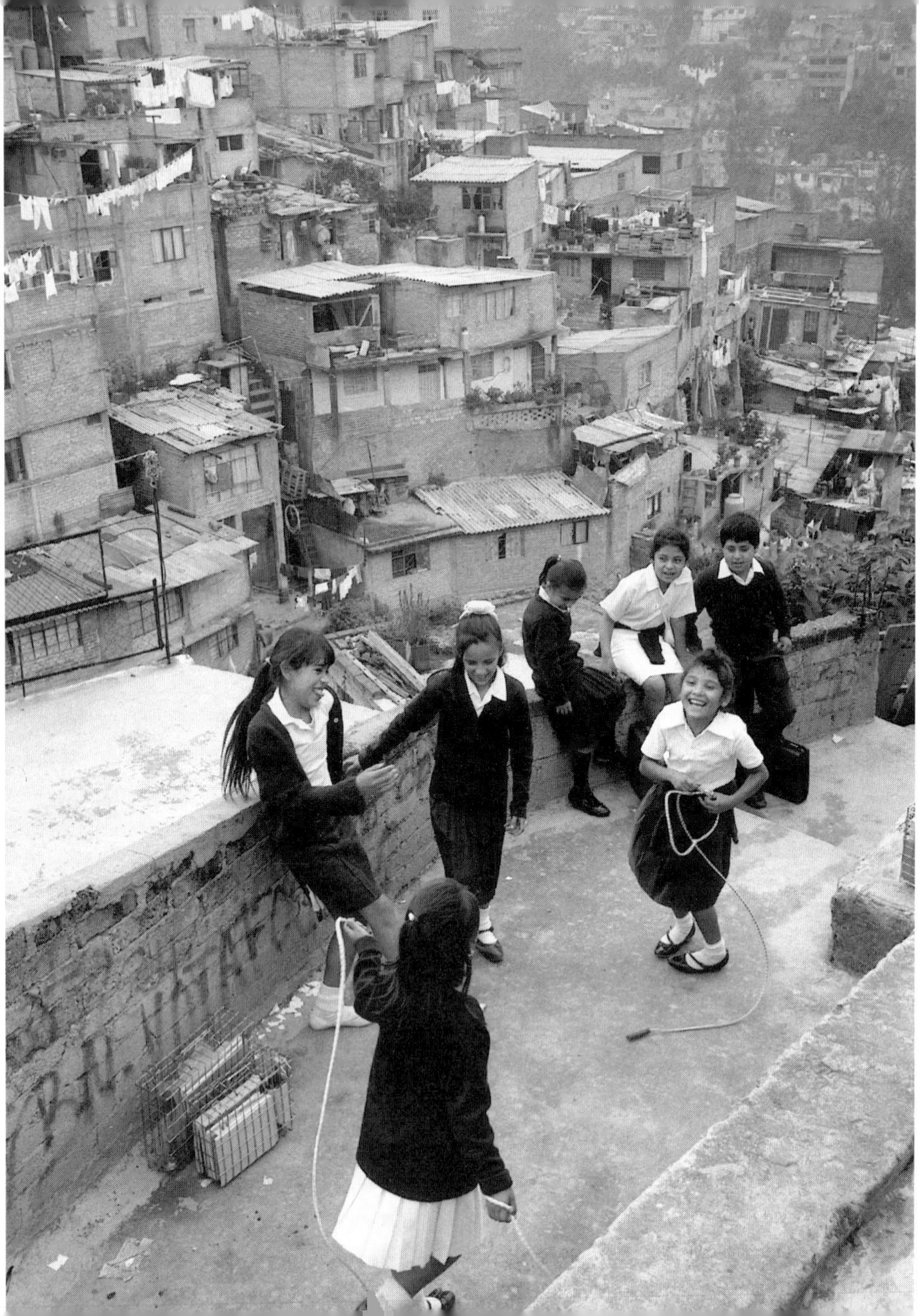

れつつあるが、より貧しいコミュニティにおいても利用できるように、提供されなければならない。

南アフリカ、旧ユーゴスラビア、チェチェンのようにコミュニティの統合が最も優先度の高い政治的課題である国々では、新たな居住地をどのような形にどのように建設するのか、という問いに答えることは極めて重大である。地域のニーズや文化に対応・適合し、しかも健康的で、費用効率が高いサステナブルな居住地を創造していくプロセスにコミュニティを巻き込んでいくことによって、真の長期的解決が生み出されていくに違いない。真の意味での参画こそが、都市において生活を改善するための解決策を得る鍵である。

私は、サステナブルなコミュニティを建設する取組みの経験を積み重ねていくことによって、現在の都市の建築の愚かさや無知を払拭することができると確信している。環境悪化や、都市生活の蝕み(むしば)を必要もなく助長している商業的・政治的圧力は、環境的なサステナビリティと、社会的な公正性を、都市自身が目的とすることによって、和らげられなければならない。そうするためには、現代の技術とコミュニケーションを駆使して、社会全般で市民の参画を深めていくとともに、現代都市のもつダイナミックな複雑性がもたらす問題への積極的な取組みがなされることが必要になるであろう。また、公共の美しさや市民のプライドがもつ価値に対する確固たる理解を社会全般で形作ることも必要になる。環境を痛めつけ自分たちのコミュニティを分断している都市という場所で、私たちは上記の二つの必要なことをはぐくむような都市を作らねばならないのである。

サステナビリティのためには全ての人々への教育が必要
◀ サンタフェにおけるほとんどの子供たちは小学校には入学するが、3分の1の子供たちは入学後3年以内に、家庭の生計を支えるために働き始め、学校に来なくなってしまう。100人の子供のうちわずか1人だけが高等教育に進学する。
Stuart Franklin - Magnum

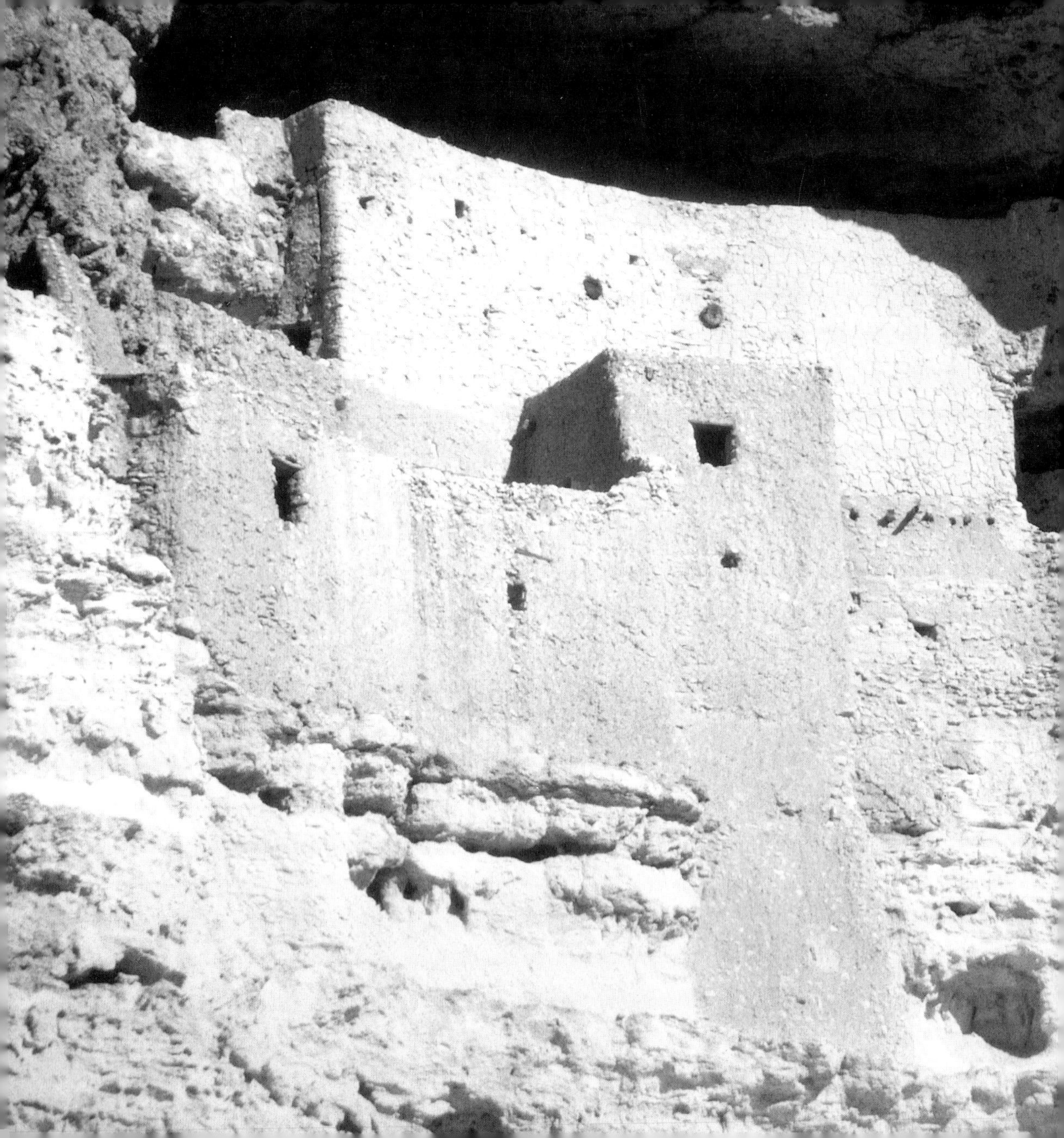

3　サステナブルな建築

自然物と人工物の結合が完了するとき、私たちが作り出すものは、学習し、適応し、自らを癒し、そして進化するであろう。これは、私たちが未だにほとんど夢想だにしていない能力である。

ケヴィン・ケリー
「アウト・オブ・コントロール
（邦題 複雑系を超えて）」より

3　建築は元来シェルターとしての役割から生まれ出てきたが、すぐにそれは、テクノロジーがもつ技量や、精神的・社会的目的を表現するものとなった。建築の歴史は、人間の創意工夫や、調和的感覚や、価値観の変遷を綴っている。すなわち、それは、個人や社会がもつ複雑な動機付けや主題を、その深層にまで立ちいって反映したものである。

合理的な思考を適用することから建築の美は生み出される。それは、知識と直感、論理と精神、計測可能なものと測れないもの間でおきる、自由な活動である。バッハの「フーガ」、モンドリアンの「ニューヨークブギウギ」、あるいはベケットの「ゴドーを待ちながら」に見られるように、美は秩序をともなって全体的に融合している。建築は機能を全うする大きな役割をもっているが、美学的な秩序もまた建築の本質である。パンテオンもブラマンテのテンピエットも、そしてカーンのソークセンターも全てこの合理的思考によって荘厳さを獲得している。

今日、建築を作り出してきた人間のもつ動機付けの豊かな複雑性は、剥ぎ取られ、裸にされようとしている。建物に対しては、ほとんど利潤のみが追求されている。新たに作られる建物は、金融上は商品として、つまり企業のバランスシートの記入項目として認識され、それ以外の価値はほとんど認識されていない。利潤追求が建物の形態や品質、性能を決定づけている。短期的利潤を生み出さないことに費用をかけることは、デベロッパーたちにとってみれば、長期的な資本流出を招くことであり、企業の競争力を低下させ、金融上の攻撃を受けやすくし、究極的には買収されるような状況を作り出す。世に標榜されている「ボトムライン経済」の目的とするところは、サッチャーリズムの企業家であるハンソン卿が「明日の金を今日掴む」と率直に表現しているが、それゆえに「ボトムライン経済」は、長期的にしか回収できないエコロジー技術への投資への動機付けを全くもたない。こういった戦略は、明日の暮し向きをいっそう悪くさせうるものであり、サステナビリティを意識した考え方とは正反対で、素晴らしい建築を生み出すのに不可欠な美学的配慮に対しても全く過剰な規制をしてしまう。それは、アーケードのような公共性のある形式を作り出す動機付けを全く生まず、優れた材料を使う理由も、また建

▲ 前頁
自然への綾編み
アドビの住居、マサ・ベルデ
ニューメキシコ州
Mike Davies

物を緑化することどころか草木一本植える理由すらも認めない。

近代建築のパイオニアたち、フランク・ロイド・ライト、ル・コルビュジエ、ミース・ファン・デル・ローエ、ネルヴィ、アルヴァ・アアルト、バックミンスター・フラー、ルベトキン、プルーべらは、創造的な自由と、社会の改善に対する見通しの素晴らしさを提案すべく、工業技術と新しい形態の開発に心を砕いた。今日これらの技術の計り知れない潜在能力はすべて一つの目的に向かわされている。すなわち、それは、金を生み出すことである。よくある商業開発を間近に見てみると、いかに費用がぎりぎりまでに削られ、粗末に作られているかがすぐに判る。一世紀にわたる改良を加えてきてはいるが、今日ほど、鉄骨造やコンクリート造の建物が安価に、あるいは安直に作られることは、決してなかった。これらの不毛な構造物は、まるでカタログから選び出したように古典主義や新たなバナキュラー風やあるいはモダンな表情をファサードにまとわされているが、決して建てられる場所や使う人々に対して忠実ではない。あらゆるタイプの建物がパッケージ化され、標準化されている。建築家は、どのような能力をもっているかではなく、報酬の低さの観点から選ばれる。建築家の職能とは、最大容量の器を最小の費用で最短時間に生産し、そのファサードをこれかあれかと一つのスタイルを貼りつけるように飾りたてることであると運命づけられている。このような建物は大量のエネルギーをがつがつ消費する構造物であり、積もり積もって世界の年間消費エネルギーの半分を使ってしまう。

しかし、建物は単なる商品ではない。都市のなかでの私たちの生活の背景を形づくるものである。建築とは、私たちが常に接している芸術作品のかたちである。それがありふれたものであれ、発展性を秘めたものであれ、私たちのあらゆる日常的な体験がなされる環境を作りだしているがゆえに、建築は、私たちの生活を高めたり、あるいはおとしめたりする。建築が、何かしらの論争を引き起こすことや、芸術のなかで最も広範囲にしかも最も情熱的に公に批評されるものであることは、驚くに値しない。私たちの生活を建築が包み込んでいるという特別な地位を与えられているがゆえに、市民からは特別な警戒の目を向けられていて、その質について社会に十分に開示され規範的であ

ることが求められている。建築にかかわる職能者もまた倫理的なスタンスを明瞭にしなければならない。社会的・環境的なサステナビリティに対して建築が貢献しなければならないことが求められており、そのことは建築家に自主的規範の範囲を超える責任を課している。専門職能者の地位や影響力は、商業主義の圧力によって低下した。エレン・ポスナーは建築家が自身のなかに見出すジレンマについて次のように述べている。

最近の倫理観を欠く職能がそうであるように、彼らは倫理についての論議を熱心にしようとはせず避けてきた。建築家は施主から委任を受けて、望まない人々が立ち入らないような障壁を作り、専用のプライベートな通路を作る。あるいは、建築家は、かつては公共空間から得られたかもしれない体験に代わって、個人的な商業的体験を創り出すことを請け負う。建築の多くは都市に分断された社会を定着させてしまう一端を担っているのである。

この章では、建物が私たちの都市の公共空間を豊かにできるような方策や、建物がそれを使う人々の変化するニーズに対応していく方策や、都市を汚染せずに持続させていくことのできる技術を開拓していく方策を探求していく。建物は、都市に息を吹き込み、社会の営みを祝福し、自然を大事にした都市の構成要素となるべきである。今日私たちがサステナブルな建物を必要としていることは、私たちに再び壮大な志を抱かせ、新たな美学的な秩序（order）を発達させるきっかけをうみだす。それはまた、建築の職能の復活に弾みをつけることでもある。

都市は、個人的権利と公共的責任とのせめぎあいのなかで生まれる。1768年、建築家ノリはローマの市街地図を描いた。プライベートな部分を黒く表示することで、それ以外の全ての部分が一般市民のアクセスできる部分として図示されている。その地図には、私たちが通常公共のものと見なしている小径、街路、広場や公園と並んで、例えば、教会、公衆浴場、タウンホールや市場といった様々なセミパブリックな空間も含まれている。ノリは一般市民が自由に通ることのできる空間を二次元的に示した。しかし、連綿として、しかも刻々と変わっていく連続した空間である公共の領域を形作っているのは、

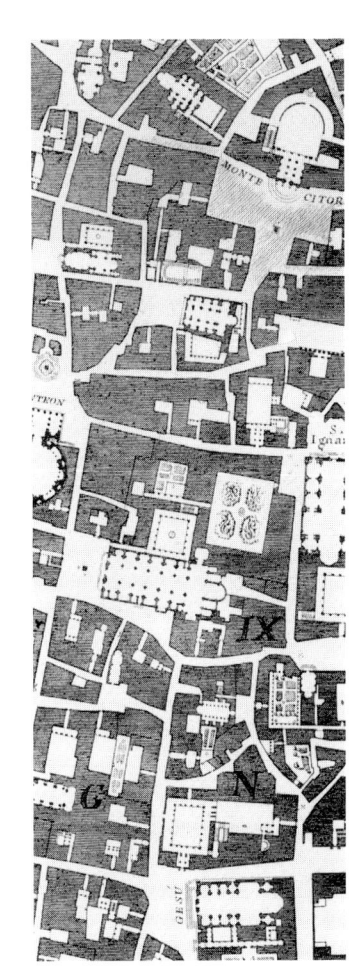

パブリックとプライベート

▲ ギアムバティスタ・ノリ：ローマの地図 1768年

出会いの場としての都市。ノリのプランは、都市の建物の塊から穿たれて作られた、公共の径路と空間の脈々としたネットワークが示されている。それは公共の領域であり、市民が交流し、空間的にも、文化的にも都市の個性が決定づけられる場所である。

ニューヨーク
▲セントラル・パーク
建物群が公共の領域の質と形態を決定付ける。それはまさに都市の署名ともいうべき存在である。

三次元である個々の建物の塊であり、これが都市の署名ともいうべき都市の個性を表出している。私たちは、この都市の署名を、壁に囲まれた都市の凝縮された空間の中に感じとる。そこを歩いていると、狭い裏路地を通って街路に出たり、突然広々とした市民に開放された場所が劇的に目の前に現れたりする。あるいは、バースのように開放的な都市でも、都市の署名を感じ取る。そこでは、サーカス、クレセントそして広場が、より純粋で緩やかな幾何学的なボリュームを形作っている。グリッド状に構成されたニューヨークにおいてですら、「チョッキのポケット」のような小さなペイリー・パークからロックフェラー広場やセントラル・パークに至るまで、格子状に相互に接合され関連づけられた公共空間が配置され、都市の署名を醸し出している。

ほとんどの公共の公園、広場そして大通りは、何世紀にもわたって次世代に伝えられてきたものである。現代の民主主義の時代にあって、これら公共の領域に多くのより重要なものが付け加えられるだろうという期待はあった。しかし、実際は、私たちが行ってきたことは、交通や人間個人の貪欲さによってこれらの空間を蝕んでしまっただけであるように思われる。安全警備が過度に目立ったり、文化施設にも入場料が課されていたり、公共のアメニティが減退したり、車による空間の支配が強まったことで、公共の空間を狭い歩道だけに追いやってしまうなど、公共の領域は制約を受けつつある。また、建物も、公共の領域を囲み込んだり形作る要素というよりは、まるで単独で存在するオブジェクトであるかのようにデザインされている。

建物は公共的領域空間の質を多様な方法で高めるものである。建物は、都市のスカイラインをかたどり、都市のランドマークとなり、人々の興味を引きよせ、街路を横切るときに楽しみを感じさせる。一方、最もありふれたレベルである、人間的なスケールや、人の触感に関連する建物のディテール（舗装、手摺、縁石、彫刻、ストリートファニチャーや看板など）ですら、街路風景に重要なインパクトを与える。最も小さなディテールが、全体性に重大な効果を与えるのだ。何かしらの美しさに対する主張のある建物は——この主張とはすなわち、日常性を超越して、建物を使う人々の精神を高めることであるが——、こういったディテールの大切さに配慮しなければならない。公共の領域が、

レスター広場

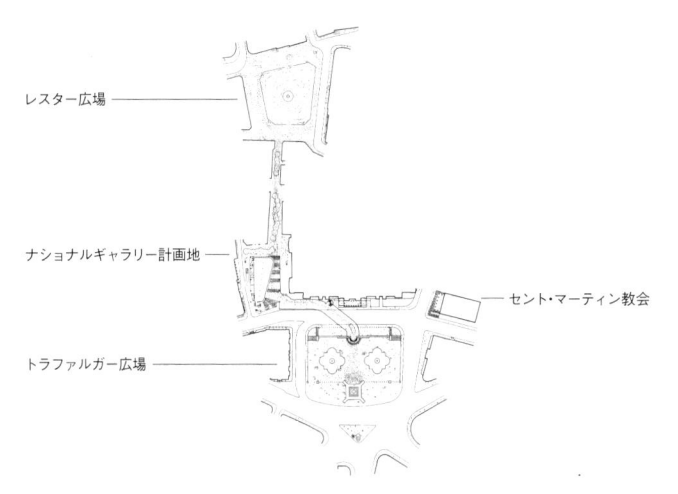

ナショナルギャラリー計画地

セント・マーティン教会

トラファルガー広場

ナショナルギャラリー
コンペ応募案
Richard Rogers Partnership

◀ トラファルガー広場と、レスター広場という、二つの重要な公共空間の間の小さな敷地。二つの広場の間の蝶番になるという敷地の性格から、その建築形態は、視覚上も、物理上も二つの広場を強く連結する必要があった。最終案のデザインでは、公共の径路が全体を決定付ける重要なエレメントとなった。

◀ 提案におけるギャラリー増築部分である4層の地下室下部からネルソン提督像の方向を眺めた景観。
John Donat

◀ 提案された「展望塔」はレスター広場方面への公共の径路の目印であるとともに、ナショナルギャラリーの入り口付近にあるタワー群とバランスしている。
John Donat

いかに建物の形やコンセプトに活気を吹き込むことができるかについて、いくつかの事例を挙げてみよう。1984年に私たちはロンドンのナショナルギャラリーの増築計画設計競技に応募した（採択されず）。私たちは、指定された敷地よりも範囲を広げて調査をした。そこは第二次世界大戦後放置されてきた場所であった。トラファルガー広場は、かつての大英帝国の心臓部でありながら、今は車がぐるぐると回って汚染され、しかも旅行者たちにとっては脱出しづらい場所となっている。驚くべきことに、このトラファルガー広場の現在の孤立状態を改善する鍵をこの小さな敷地がもっていることが判明した。現状では、広場は都市における日常の公共的な生活からは切り離されていて、市民に対する役割を取り戻すような大集会やデモ、祝祭などがこの場所で催される機会は例外的で限られている。私たちは、ナショナルギャラリーの増築部分を通過してトラファルガー広場からレスター広場に至る歩行者専用のルートを新たに設けることにより、この広場の孤立状態を解消し都市と再び結びつける案を提案した。

この二つの広場を結びつけることが、このプロジェクトを推進する中核のコンセプトとなった。私たちは、開放されたひと続きの階段を提案した。これは、レスター広場から下っていき、私たちが提案したナショナルギャラリー増築部分（それは1階部分のほぼ半分を占める）を貫き、交通量の激しい道路の下に設けられた、ゆったりとしたギャラリーを通って、トラファルガー広場へと繋がっている。この新たなルートを目立たせ、増築部分への一般入り口を明瞭に判らせるために、私たちは、この一連の階段の入り口位置に展望塔を設けることを提案した。この塔はセント・マーティン教会の美しい尖塔と均衡を保ち、ナショナルギャラリーの側面に位置して、それら二つの塔が立面上のシンメトリーを形成する。このことによって、ナショナルギャラリーの水平性と、ネルソン提督像への中心性が強められる。このようにして我々の案では、独立しているものの極めて重要な二つの公共の場所が物理的に織り合わされ、新たなルートが設けられ、新たな均衡のとれた構成が広場に与えられていた。これら全ては、相対的には小規模な建物を設けることによって実現されている。

次にさらに大きなスケールの例を挙げよう。東京国際フォーラムの設計競技における私たちの提案は、募集要項に書かれている範囲を超えてより広いコンテクストに目を向けることが、いかに公共空間の新たな形や、建築の新たな形を生み出すことができるのかということを具体的に示している。募集要項では三つの巨大な会議場を設けることが明記されていたが、私たちは、このような巨大なセンターが既に混雑している敷地にできた場合の影響度について評価検討してみた。その結論は、地上レベルではこれ以上の建物が必要とされておらず、むしろ公共の活動や、人々が単に憩いをとり人と出会うためのゆとりの空間を提供するようにひと続きのオープンスペースとした方が、全体的に公共空間を欠いているこの地区においてははるかに人々のために役立つというものであった。

私たちは、建物を6階分上から吊り下げることによって、地上レベル全体を自由にし、大きな屋根で覆われた公共の用に供する屋外空間とすることを提案した。この計画を実現するため、私たちはオーブ・アラップ事務所の卓抜なエンジニアであるピーター・ライスと密接に協働し、巨大なホールの吊り上げを可能とするともに、東京の全ての建設活動に適用される途方もなく厳重な耐震関連法令に適合する構造上の解決策を探求した。その結果、まるで乾ドックに吊られた船のように、1万人もの人々を収容できる会議場を納めた銀色をした三つの巨大なカプセルが、風雨からまもられた公共空間の上に配置されることになった。ホールやその上の屋上庭園に行くには、公共空間の上を十文字に横切るガラスでカバーされたトラベレーター(エスカレーター)を用いる。開放的なプラザが街路レベルより階段状に下がりながら設けられ、カフェ、展示スペース、レストラン、映画館や店舗などがこれを取り囲む。このプロジェクトは、日本の造船技術の伝統と、その産業のもつ特筆すべき能力を呼びさました。

これら二つのまさに公共的なプロジェクトは、いかに建物が公共側の領域と相互に作用しあうことができるかを示している。建物が公共の領域に貢献すれば、人々の出会いやふれあいが促される。建物はそこを通り過ぎていく人々のためにあるものであり、人の自然に備わっている潜在的可能性を押さ

ポンピドー・センター
Piano + Rogers
▶ 公共の情報のスクリーンとしての建物。センターの不確定的な形態が、使用上のフレキシビリティを生んでいる。

東京国際フォーラム・コンペ案
Richard Rogers Partnership
▶ 東京の人々に24時間開放された新たな出会いの場所を提供する提案。三つの巨大なホールを吊構造にして、その下部の街路のレベル全体を公共の用に供することによって、公共の領域が大きく増大している。図面は、ホールが造船所の乾ドックのように吊られていることを示している。多様なレベルをもつ街路からみると、レストラン、カフェ、ギャラリー及び展示施設へのアクセスへの眺望が開けている。

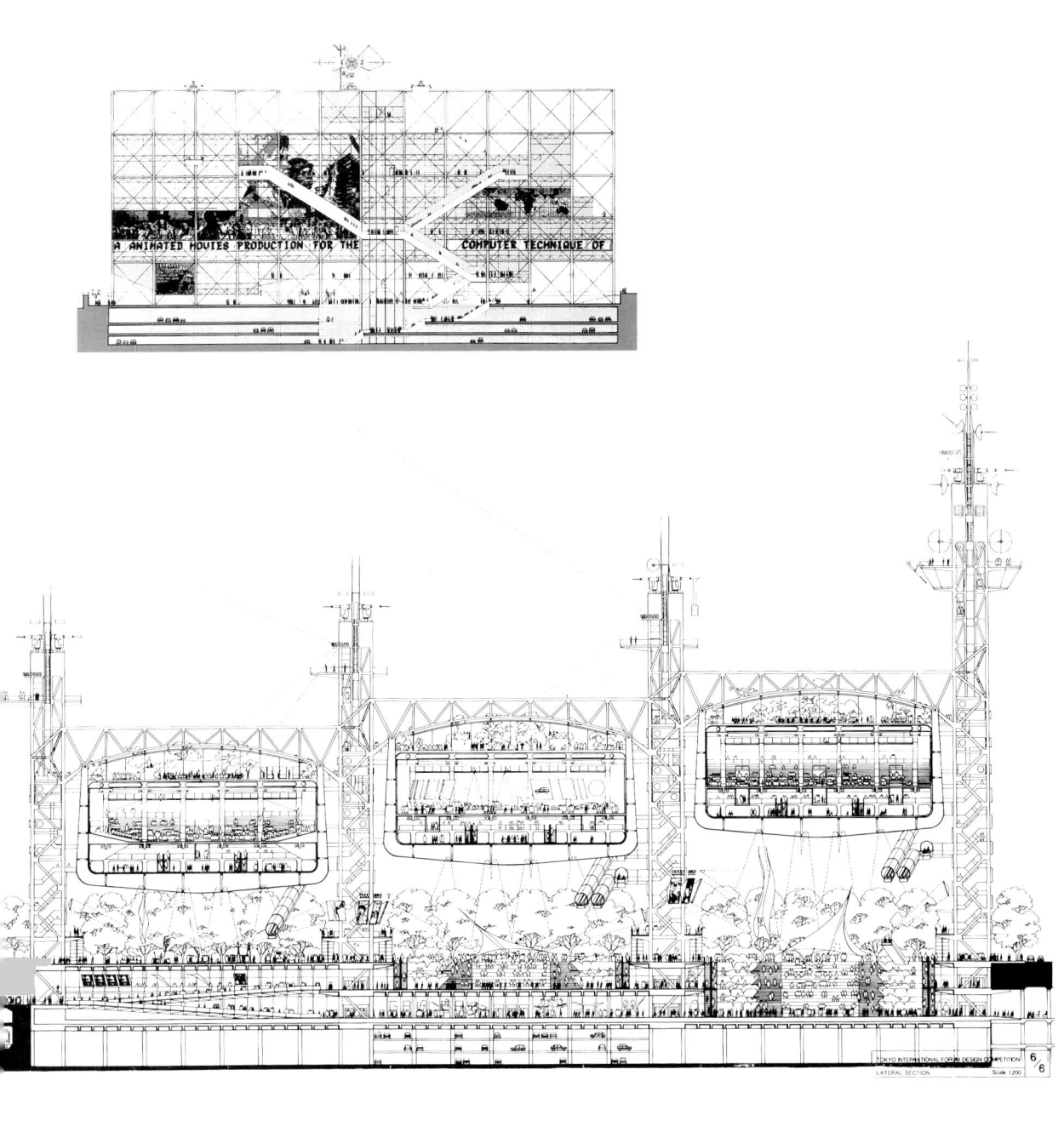

TOKYO INTERNATIONAL FORUM DESIGN COMPETITION
LATERAL SECTION   Scale 1:200   6/6

えつけてしまうものではなく、むしろそれを刺激し開花させるものである。建物は都市に人間性を与えるものなのだ。

公共の生活を形作るとともに、建物はそれを使う人々の特定のニーズをかなえる必要がある。このことは、人々の要求事項に従って、どのように建物をデザインするかという実務的な課題を提起する。現代生活は、その器となっている建物よりもずっと速く変化していっている。今は金融取引所となっている建物が、5年後には事務所になっているかもしれないし、10年後には大学にされるかもしれない。それゆえ、簡単に部分改造ができる建物は、より長い耐用年数をもつであろうし、より効率的な資源利用のあり方を示すであろう。しかし、このような使用上のフレキシビリティを建物がもつようにデザインすることによって、固定的で完璧な形態というものから建築が遠ざかっていくことは避けがたくなる。例えば、古典的建築の美の根源はその調和的構成にあり、何物も付け加え難く、また取り去り難い。しかし、社会が刻々変化する要求事項へ対応できることを建物に強く求めるのであれば、私たちはフレキシビリティを提供しなければならないし、順応性のなかに美を表現する新たな形を探求しなければならない。

パートナーであるレンゾ・ピアノと私はこのことを念頭においてパリのポンピドー・センターをデザインした。この建物は、モニュメントとしてではなく、年齢も、興味も、文化も異なる様々な人々が一緒に集うことのできる、人々のための場所として着想された。このセンターは会議場、映画館、レストランから、図書館、コンサートホール、アートギャラリーに至るまで様々な施設をその中に納めている。私たちは、これらの施設の将来的な配置変更を束縛せず、繰り広げられる諸活動が経年折々の建物の形を規定していくような建物を創造することを企図した。その解として私たちが考えたのは、付け加えたり取り除いたり、あるいは開放したり分割したりできる空間の枠組みであった。全ての構造柱、設備ダクト、エレベーターや廊下を外側に配置することにより、制約条件のない最大限でサッカーのピッチが二つ入るだけの広さをもつ空間を各階平面に確保した。各々の活動へは、ファサードとは独立して外部に吊り下げられた公共通路システムを通ってアクセスされる。これは誰でも自

ポンピドー・センター
Piano + Rogers

人々が人を引き寄せる
▲ 公共スペースが広場からファサードを透過して拡張し、多層に重ねられた公的な領域を生み出している。
Richard Einzig - Arcaid
▶ 公共の歩行路やエスカレーターは訪れる人たちをギャラリーの正面ドアまで導き、パリとその広場の劇的な眺望を提供する。
Richard Einzig - Arcaid

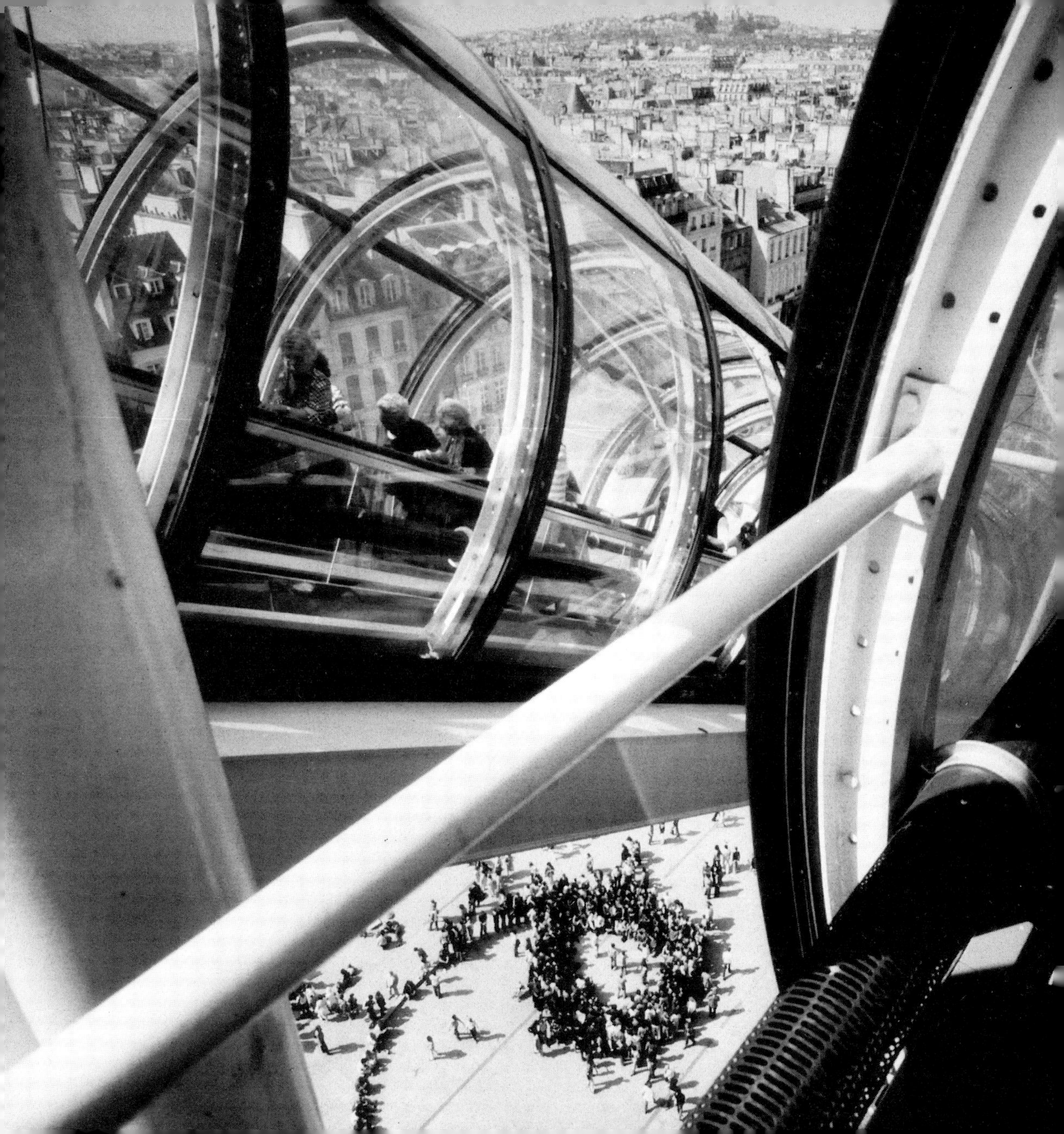

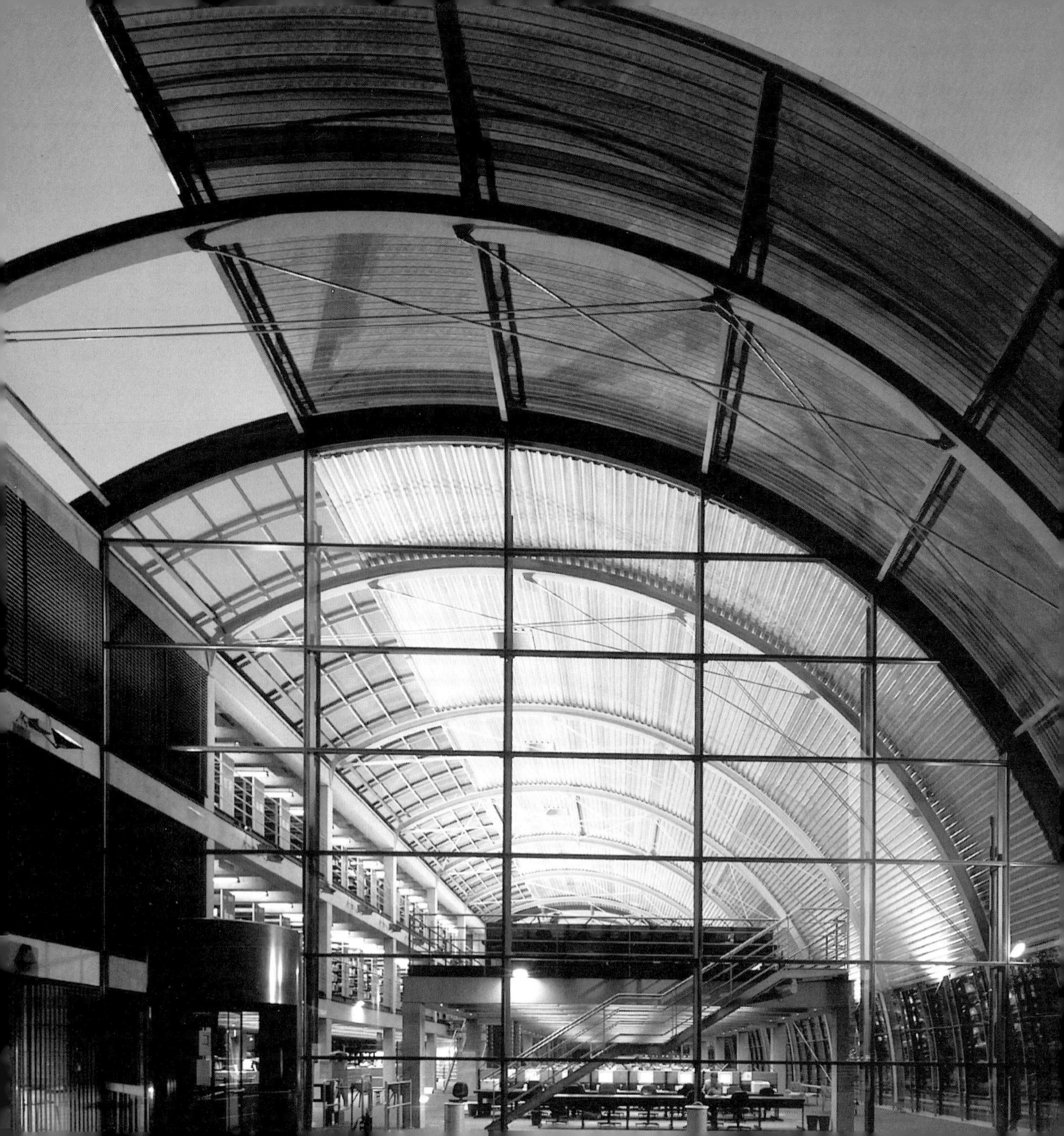

由に使うことができ、眼下の広場やパリの街並みのスカイラインの眺望を楽しむことができる。エスカレーターや「空中街路」や展望台は、公共の広場を建物のファサードにまで拡張させ、人々が見たり見られたりできる、一連の屋外テラスやガラス張りのギャラリーを創り出した。

建物のスケール感は、その物理的寸法のみならず、その部品群の構成様態によっても決定づけられる。この大規模建物の見ての通りの容積による威圧感を減じるため、私たちは、光をとらえ立体感と陰影を与えるファサードを創った。それは、複層化された、壁というよりも、透明なスクリーンと金属製構造の連続体であり、テラスやバルコニーが付設され、ある要素の背後に他の要素が配置されるように、各要素が重ね合わせられている。予測できない方法での劇的な改変が可能でありながらも一体性を保てるような建物を作り出すために、私たちは異なったパターンで組み合わせられる部品キットをデザインした。そのあり方は、新古典主義の寺院というよりも、要素が積み重ねられ常に変わり続けていった中世の集落にたとえられる。

それぞれの世代は、公共の施設を根本的に作り直し、全く新たなものを創り出すことを必要としている。ポンピドー・センターは、順応性をもった、様々なものごとが多元的に共存している施設というコンセプトを探求する試みであるとともに、フレキシブルな空間と、建築的形態を断片化させる建築的な試みでもあった。新しいアイデアは、新しい形態を求める。そして、このことは、住宅であろうと、あるいは、事務所、大学、学校、病院、美術館であろうと、私たちの日常生活や私たちの施設を包みこむ全ての建物に当てはまる。フレキシブルでない建物は、新たなアイデアを妨げ、社会の進化を阻害する。新しい建物が社会の変化するニーズに対応しなければならないものであるとするならば、私たちはまた、とてつもない数の既存の建物をどのように順応させるかを考えなければならない。もっとも重要な建物の保護的保存（conservation）はともかくとして、一般の建築遺産を原型保存（preservation）することには、私は根本的な疑問をもつ。古い建物を想像される原型状態に戻すような模倣的な修復は、それら伝統的建築にとっては全く不本意な間違った考えであると、私は訴えたい。建物は、その生涯のなかで定常的に順応し、形を変え、

▲ 小・中学校
（First and second school）
ハンプシャー

ハンプシャー州庁
新しい建物の形態は、新しい教育方法を推進させる。建築は、我々の教育に対する態度を発展させるという基本的な役割をもっている。
©Reid & Peck

◀ ポール・ハムリン資料センター、テムズ・バレー大学
Richard Rogers Partnership

化粧し直し、配管を取り替え、そして活気を取り戻してきた。しかし、度を超えた熱狂的な原型保存に直面すると、この有機的なプロセスは軋（きし）み、その歩みを止めてしまう。結果的に、建物はフレキシビリティを低下させ、改造がより高価になり、新しい活動を抑制してしまう。なお悪いことは、ファサードだけを原型保存して、その裏側には全く関係のない建物を建ててしまうことだ。このご都合主義的な保存手法は、本当は深い意味をもっている建物を、単なる歴史的抜け殻（おとし）へと貶めてしまう。その殻におさまっているのは、「文化遺産」としてカモフラージュされた今風でたいていは陳腐な、営利的な建物である。

対照的に、歴史は、私たちにとってまさに最高傑作の建物ですら、新たな必要性に対応できるように大胆に現代化改修ができることを示している。それは、古いものと新しいものの対話を創造することによって可能となる。この例として私の頭に浮かぶのは、ヴェローナにあるスカルパのカステルヴェッキオや、ロンドンのロイヤルアカデミー内のフォスターによるサックラーギャラリーである。ルーブルのような建物の歴史をじっくりと眺めてみれば、何百年にもわたって変わり続けているにもかかわらず、今に至るまで統一性は失われておらず、過ぎ去った様々な時代を雄弁に語っていることが認識できる。私は、ガラスのピラミッドも含め、時代時代の新しい建築形態を生み出してきた文化の継続性について驚嘆してしまう。ルーブルでのI.M.ペイの作品は、建物が素晴らしいものであればあるほど、構想においても実践においても、高い品質でこれに応える必要が高まることを証明した。都市における地区全体の歴史的景観をそのまま保存することには問題が多い。最も慎重さが求められる地域を除き、現代の仕事の技術と誠実さをもってすれば、歴史的なコスチュームの仮面をまとう現代建築よりもずっとうまく、既存の近隣環境を補完することができる。新旧の建物を並置することは、私たちの都市やまちにおいて永年の間名誉ある歴史を積み上げながら行われてきたやり方である。

英国の多くの都市では、中世、ジョージアン、ゴシック様式の対照的な存在を大いに楽しめる。都市の中には、様々な荘厳な構成が存在している。例えば、ケンブリッジのキングズカレッジでは、かつては牧草地にぽつんと単独で建っていた偉大なゴシックのチャペルが、今や他の古典的な建物と対比を見

文化の集積

新旧の建物は相互に補完しあい、建築の調和的な構成を生み出し、文化的遺産に新たな生命を付け加える。

▲ ルーブルのピラミッド
イオ・ミン・ペイ・アーキテクト
Serge Hamburug
▶ キングズカレッジ、ケンブリッジ（左）
▶ ピアッツァ・デル・シニョーラ、フィレンツェ

せて建っている。ある時代の建物が、誇らしげに他の時代の横に建ちあがってきている。英国以外での見事な例の一つとして、フィレンツェのシニョーラ広場が挙げられる。そこはヴァザーリの古典主義建築であるウフィッツィ美術館が、中世に建てられた壮麗なヴェッキオ宮と力強く呼応しあっている。あるいは、ヴェニスでは、はつらつとしたビザンチン様式のカテドラルが、サンマルコ広場の優雅な古典主義建築のアーケードによって縁取られている。これらの例はすべて、変化を伴う進取の精神にあふれる取組みが生み出す価値を証明している。

周囲との一致性に基盤をおいた建物の伝統的な美学は再吟味される必要がある。形態的に脈絡を見出せない東京の街並みでは、西洋人の目からみれば唯一はっきりと統一された視覚的な要素は、サインと記号が混じった垂れ幕と、電子的な広告塔しかないように思われるが、それらが不意に宗教的寺院によって途切れるとき、その明らかなる混沌状態から美が現れる。それは私たちが新しいもののショックから身を守るための必須条件なのであろうか？　今日、私たちは建築の歴史遺産によって自分たちの未来を窒息させようとしている。例えば、大英図書館と大英博物館の有名なリーディング・ルームを分離させることは、この美しいドーム天井をもった空間を再び施設全体の焦点として、また開放された公共広場として活用する契機を生み出している。しかし、重要な歴史的建造物について使い方を変えることへのためらいが、このような明瞭ではあるが過激な解決方法を採りづらくしている。私たちは、リーディングルームの幽霊が、人々の自然な接触を邪魔したり、また最も威信の高い文化施設の機構改革を制約しないように注意しなければならない。

素晴らしい建物を解体したり、それを貧相な建物で置き換えるよりは、保存する方が明らかに望ましい。しかし、技術革新の息の根を止めるような方法で、建物が保存されてはならない。建築的遺跡へ再び息を吹き込むことの重要性は、誇張されすぎてはならない。私たちの都市を美術館化することは社会を硬直化させる。歴史学者のロイ・ポーターは「建物が人々よりも先にいってしまうと、それは遺産にはなるが、歴史にはならない」と述べている。建築についての先入観を壊すことによって、建築家は、新たなテクノロジーや製造

▲ 東京の街路の一風景
Mike Davis - Magnum

新しきもののショック
▶ ダニエル・リベスキンドによるビクトリア・アルバート美術館の増築案は、行儀のよさを無視している。しかし、劇的な何ものかを加え、見る者をして探索や比較を促す。
Harry Gruyaert

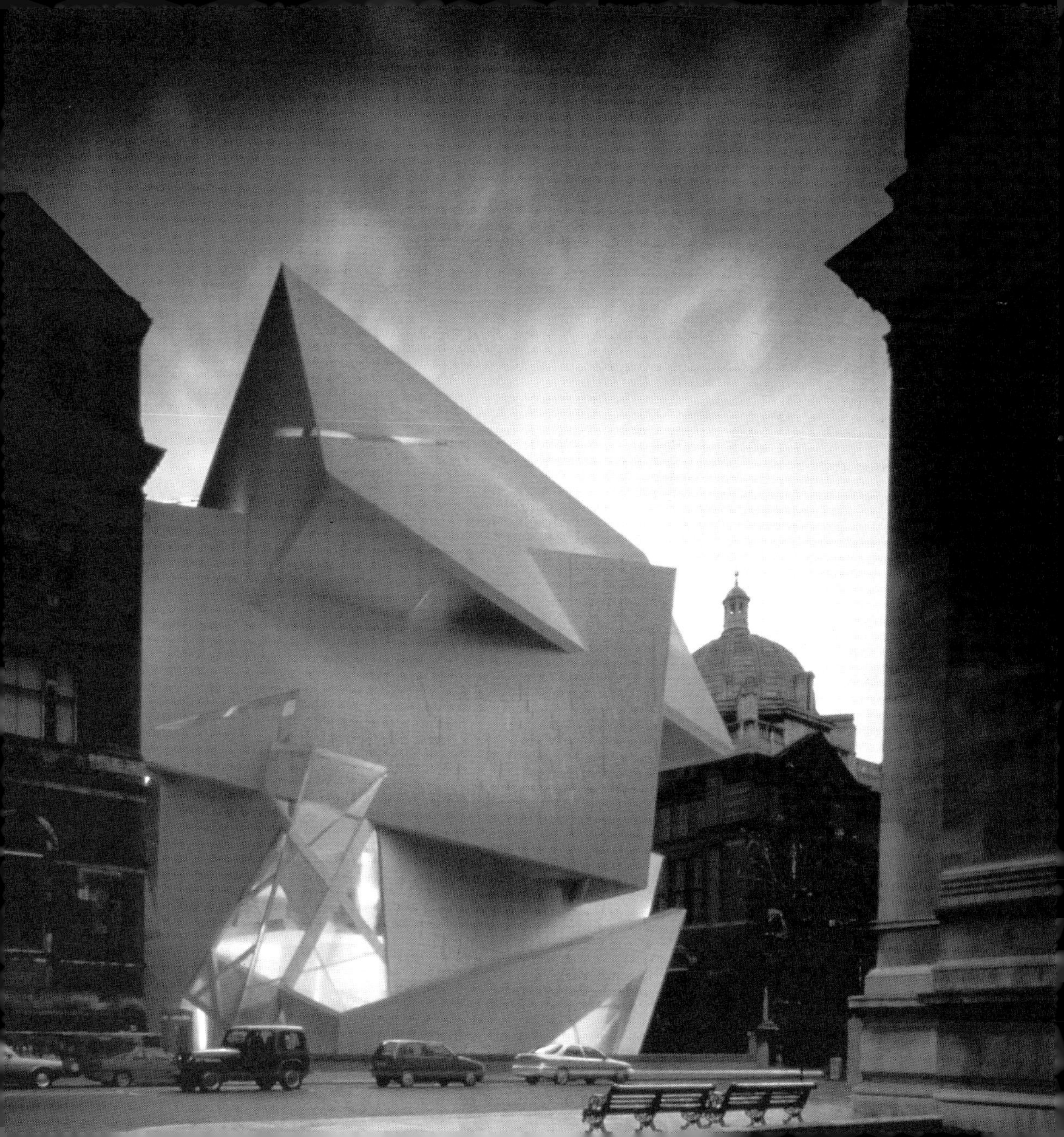

技術を自由に探求することができる。世界的な住宅危機に直面し、もはやこの問題を無視することはできなくなった。新材料、リサイクルされた材料、及びこれらを混合した材料を使うことは、コスト抑制と品質向上をもたらしうる。このような建物を創り出す革新的な取組みには、高度な技術も、低位な技術もその両方が必要である。

1991年に韓国とアジアの巨大な住宅市場を狙っている韓国の製造業者から依頼を受けた。韓国での経済繁栄は根本的な社会的変化を駆り立て、若い夫婦は親の家から離れていき、新しい住宅への需要が急増した。拡大する製造業での労働力需要は、建設産業における深刻な労働力不足を招き、低質の住宅のコストすら上昇させている。私たちのクライアントは、住宅生産への工場生産を基盤にしたプレファブリケーション技術の適用を探求することを強く望んでいた。目標として、プレファブリケーションされた一住戸ユニットの供給コストを約80%下げることが設定された。

これほどのコストの大幅な削減を達成するためには、構造から内部造作のガラスの吊りこみに至るまで、住居ユニットの全ての要素についての製造、施工、据付を仔細に検討する必要があった。エンジニアであるピーター・ライスと協働して、私たちはリサイクルされたプラスチックと金属シートの複合材を用いた軽量の構造パネルシステムを開発した。このシステムの基本要素は、一住宅ユニットの「ボックス」であった。それは標準的なコンテナ車の大きさで、低層にも、中庭型にも、また高層にも組み立てられるものである。購入者は自分自身の住居の間取りを決め、造作・家具類を選んだうえで、そのデザインをコンピューターが描き出すモデルによって確認する。これに従って、購入者の個別的要求に対応した住居ユニットが製造され、造作・家具類も工場で据えつけられる。完成したユニットはトラックで敷地に運ばれ、コンピューター制御されたクレーンで組み上げられる。

このような高度な技術的プロセスとは対照的に、エンジニアとしても卓抜した建築家坂茂が、ありふれた日常的材料と生産技術を用いて、神戸で応急仮設住宅を開発した。耐力を負担する壁、屋根、床は、リサイクル紙を何層にも

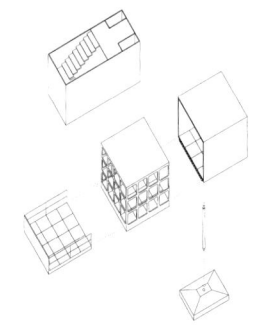

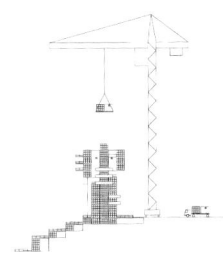

**ハンセンのための工業化
ハウジングシステム、
韓国、1991年**
Richard Rogers Partnership
組み立てラインで生産された、低コストで、高品質なハウジングは、急速に拡大するアジアの市場をねらったものである。
▲ 現場作業はプレファブ化されたユニットの組み合わせで削減されている。
◀ 高層住居としてユニットを組み合わせた模型。
Eamonn O'Mahony
◀ 左頁
アパートメントの構成材を選び出すと、コンピューター・モデルがスクリーン上にたちどころに映像をうつしだす。それぞれのアパートメントは、工場で組み立てられた互換性のある構成材の製造キットから作られる。中央のエレベーター・コアまわりに構成された典型的なアパートメント。

紙管を用いた緊急被災者用プロジェクト、神戸、日本

坂茂

▲ 紙の教会
Hiroyuki Hirai

▶ 軽量の構造材は未熟練の労働者でも簡単に組み立てることができる。一世帯用住宅の組み立てはちょうど6時間で完了することができ、ハリケーンの風圧にも耐えることができる。
Hiroyuki Hirai

▶ 住宅の構成見取図：ビールケースによる基礎、製材板材による床、紙管による壁材と構造、キャンバス布による屋根。
Hiroyuki Hirai

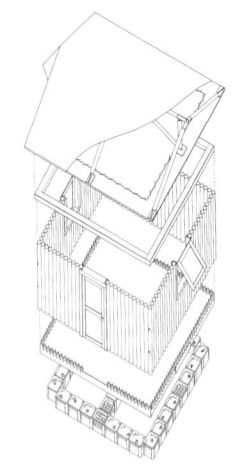

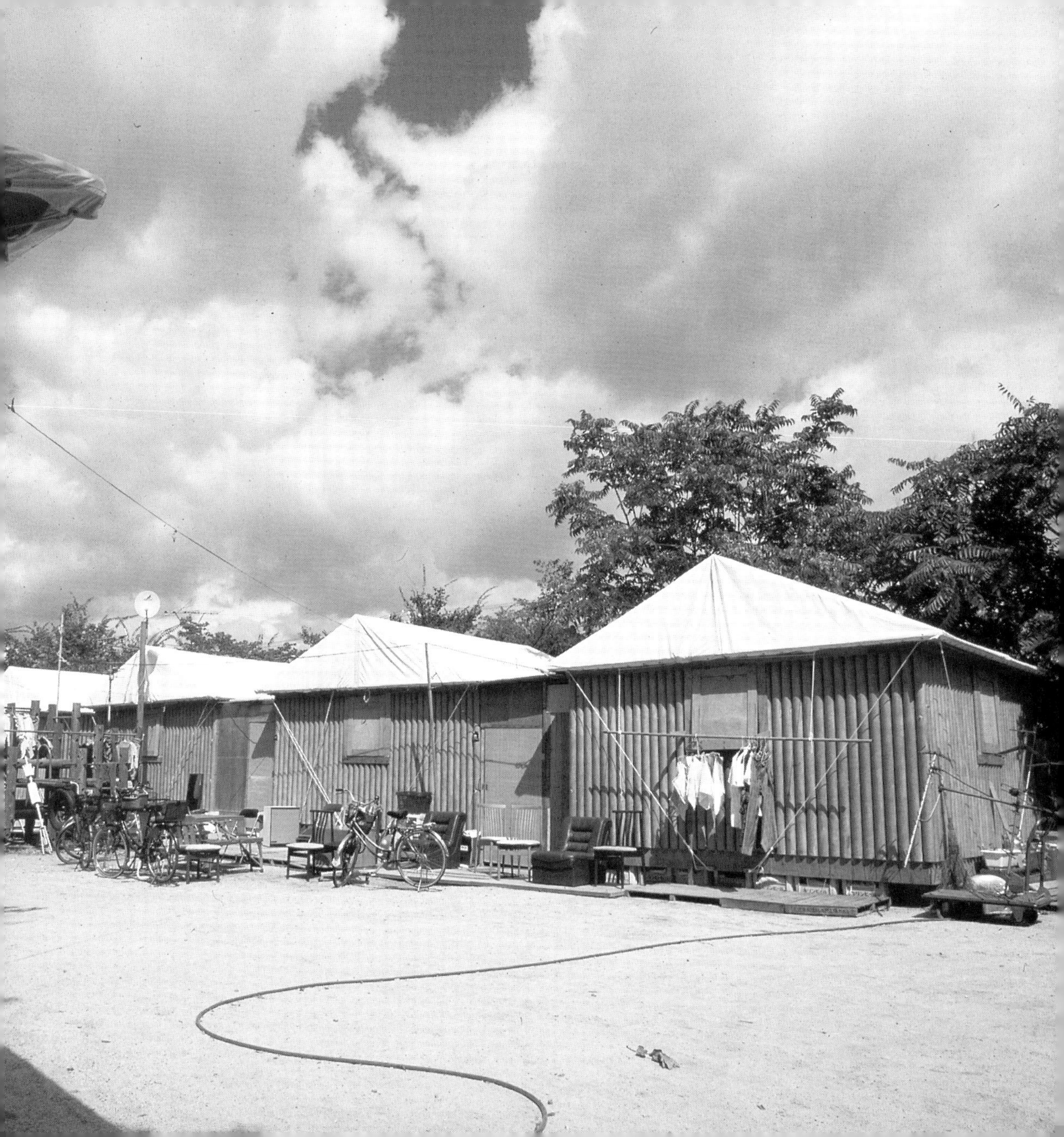

重ねたボール紙の筒でできている。4人家族用の家が6時間で建てられる。神戸で住宅や教会の建設がこの材料を採用することでうまくいったことから、国連難民高等弁務官事務所（UNHCR）は、避難キャンプへの使用についてさらに詳細に検討することに資金提供した。避難キャンプの状況に鑑みて、現場でそこらにある廃棄物類から紙管を製作することのできる基本的な機械を空輸する方法が考え出された。私は、公共の領域がいかに建物を形作るべきか、またフレキシブルな建物がいかに私たちの生活を組み立てる新たな方法を提供するか、ここまで述べてきた。

これら二つの考え方とも、社会を活気づかせ、環境的なサステナビリティを社会的な側面から補強する。ここで私は、サステナビリティを実行することが、いかに建物の形態を革命的に変えるのか、また、いかにして建築家によってこういった取組みが探求され建物を人間的で美しいものにすることができるのか、ということを述べていきたい。既に見てきたように、化石燃料から得られたエネルギーの半分は建物によって消費されている。サイエンティフィック・アメリカン誌によれば、工業化が進展した国々の建物は、1985年一年間に、2500億ドル分に相当するエネルギーを消費したと見積もられている。いま、建築家が挑戦すべきことは、サステナブルな技術を具体化した建物を開発することであり、それによって建物による環境汚染を抑え、運用コストを低減することである。若干の多寡はあるものの、建物での日常的なエネルギー使用量のほぼ4分の3は、人工照明や冷暖房によるものである。しかし今日、技術の進歩や新たな実践によって、照明や空調機能は革命的に刷新されつつある。長期にわたるランニングコストや、建物によって引き起こされる環境汚染を画期的に削減できるような技術革新がいままさに進行中である。

自然と共に働く
▶ 自立可能住居の研究プロジェクト
アスペン、コロラド、1978年
Rogers Patscentre

安価なエネルギーをほしいままに使うことが、就業環境の水準に適合する方法として受け入れられていた時代に着想された典型的な営利用事務所建物群は、自然環境と接続するのではなく、むしろ自然環境と縁を切った密閉した内部環境を創出するようにデザインされている。このようなエネルギー多消費型の設計思想によって、深い奥行きの断面をもった高度に人工化された内部空間をもつ建物群が創りだされていった。これらの巨大で人口密度の高い

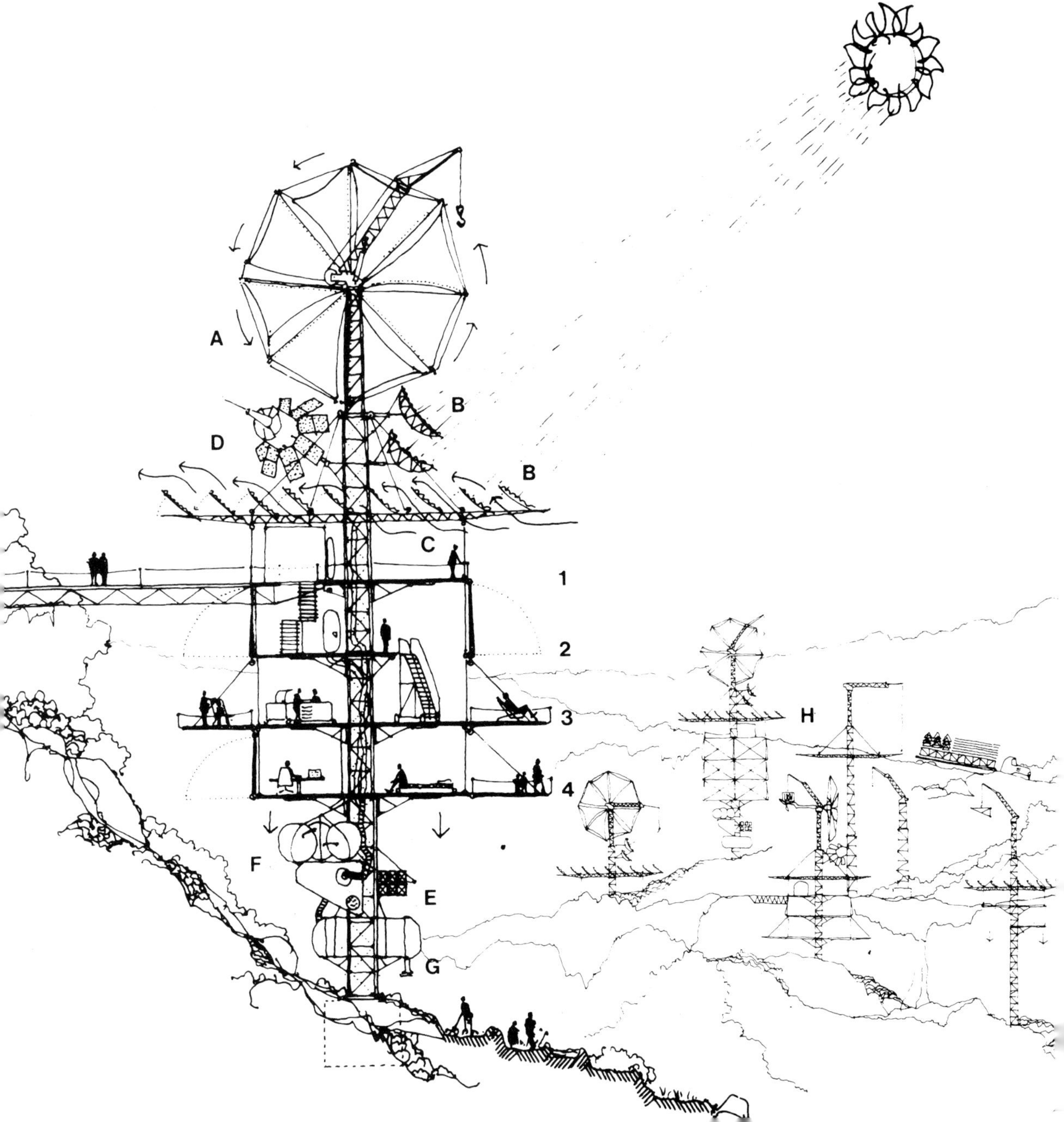
A
B
D
B
C
1
2
3
4
H
F
E
G

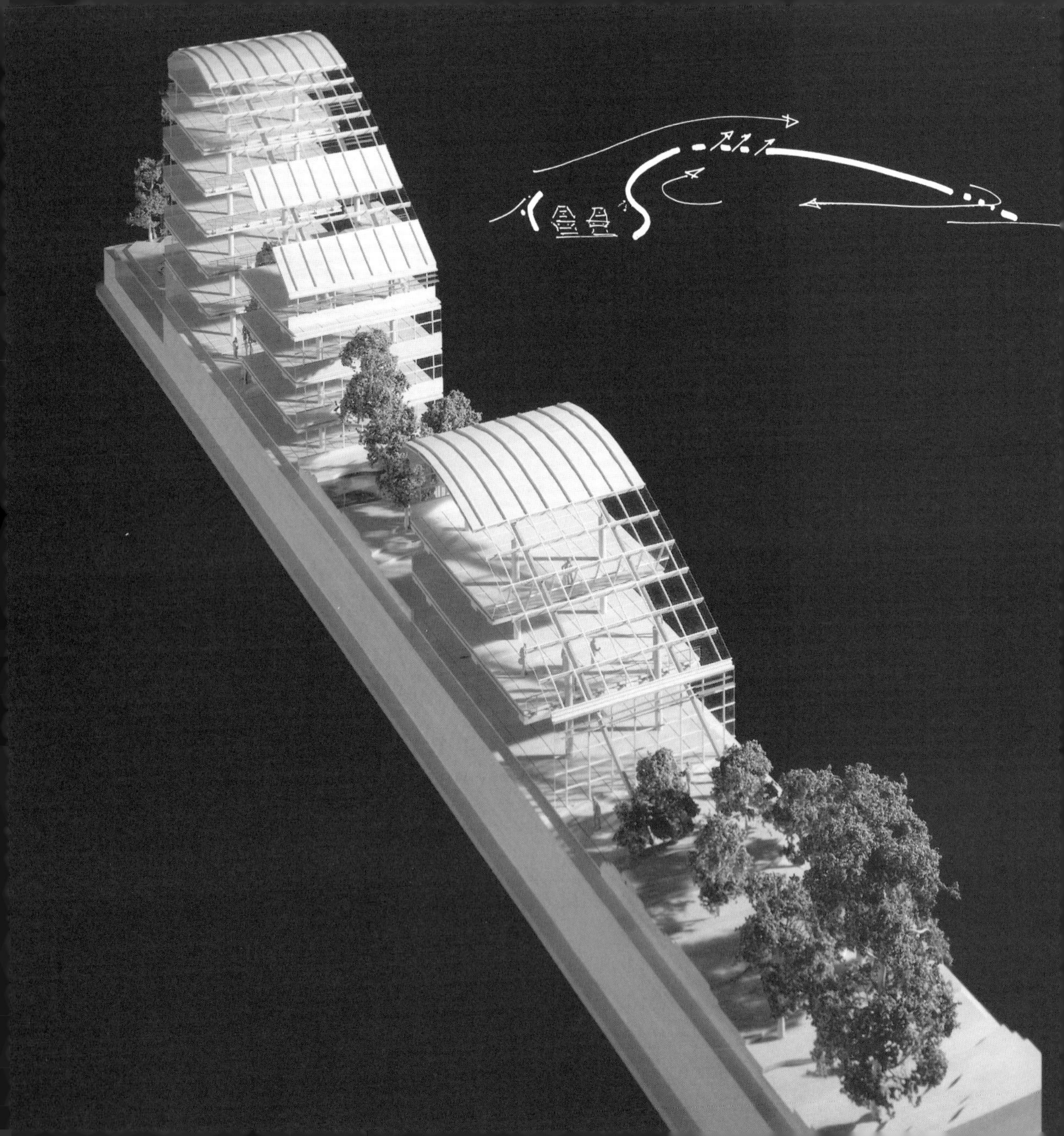

内国歳入庁設計コンペ
プロポーザル案、1992年
Richard Rogers Partnership
◀ 屋根の形態は、卓越風が建物の外に空気を引き出して、機械的換気の必要性を減らすため、流線型をしている。緑化された周囲の外構は、建物に流入する空気の塵埃を取り除き、湿気を与える。
◀ 断面図は夏季の空気の動きを示す。

建物の平面からは、コンピューターやその他の機器類の集中的な使用によって大量の熱が発生する。そのため、熱せられ、汚れた空気を排出し、新鮮で冷やされフィルターを通して加湿された空気を強制的に吸い込む強力な装置が必要となる。しかも、窓はほとんどの人々の執務用机からは遠く離れた位置にあり、終日、人工照明が必要である。その結果、エネルギーを大量に浪費する環境が出現し、人々は自然から孤立し、人々と都市生活との接点も奪われ、膨大に環境が汚染されている。

私たちのもつ技術体系と私たちの意識を変革することで、建物でのエネルギー消費を劇的に低減することができる。仮に建物のエネルギー使用量を半減すれば、地球全体でのエネルギー消費を4分の1減らすことができる。例えば、自宅や古い建物のなかでは、私たちは季節的な温度変動を許容している。同様にもし、オフィスで働く人々が年間通してずっと20℃の温度設定を求めるのではなく、多少の季節的な温度変化を受け入れるならば、その建物は窓を開けて外部環境に対して開放することができ、機械空調への依存はめざましく低減するであろう。このような試みは人工的に調整された環境を作り出すためのエネルギー消費を抑えることができる。建築家は今、大量のエネルギーを要する「能動的（active）」な技術的解決に頼るのではなく、植物、風、太陽、大地、水といった自然の資源から採取した再生可能なエネルギーを活用する「受動的（passive）」な技術を探求し始めている。

ノッティンガムに建つ内国歳入庁の設計競技の設計条件説明書では、エネルギー使用量の少ない建物であることが要求されていた。それに応えて私たちは、機械的なシステムと大量のエネルギー消費に頼ることなく、温和な環境を実現するように、自然を利用するありとあらゆる手段について検討を加えた。この敷地の二面は空気が汚れ、騒音も激しい道路に面していた。しかし、他は静かな運河に面していたので、建物を道路との境界ぎりぎりに配置し、一般の人々に開放された小庭園を運河に沿って設けることとした。私たちは、道路にもたれかかるように基本的な管理機能を配置し、運河に接した新たな庭園のまわりに社会的機能や地域施設を憩いの場所として配置した。管理機能の入った建物は、1メートルもの奥行きをもった二重のガラス壁面で、

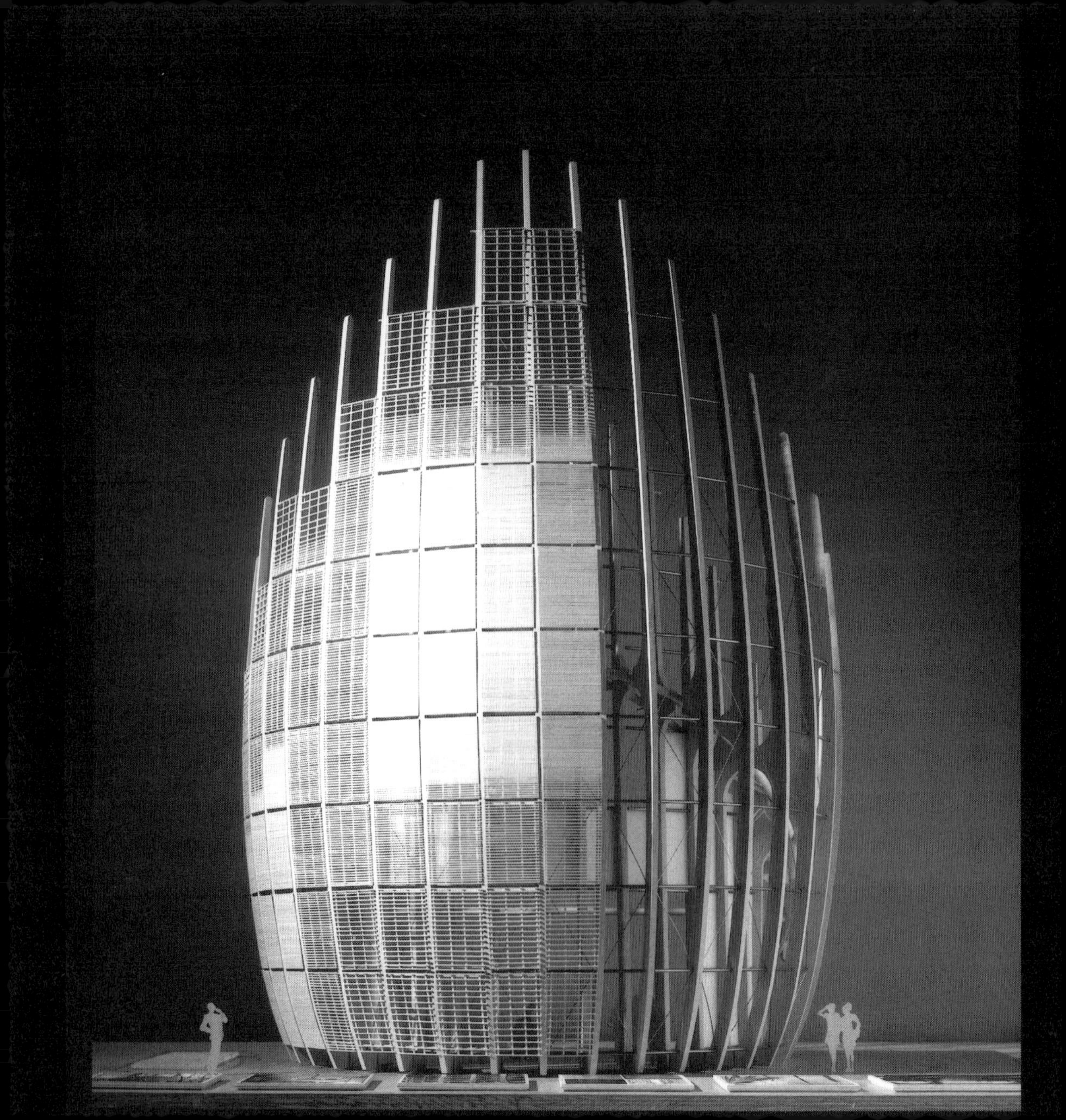

ニューカレドニア文化センター
Renzo Piano Building Workshop
▲ 卓越風下における空気の動きの風洞試験
◀ レンゾ・ピアノはニューカレドニアの文化センターを建てている。その形態は、高温で極めて高湿なこの地域の気候に対応している。その結果、日陰を作り、冷却し、公共的な区域に定常的に換気のための空気流が得られるように、連続する屋根と建物の形態がデザインされた。
M.Denance

道路による大気汚染と騒音から守られており、それらのガラス壁面の間の空間に窓をあけて換気することができる。二つの建物に挟まれた場所に、私たちは、小さな峡谷のような緑化された中庭を設けた。二列の建物は、この緩やかに曲がって延びる緑化空間をまたぐガラスのブリッジによって接続されている。この中庭は単なる建物の視覚的な焦点という役割を果たすだけでなく、建物の換気に用いられる外気を調整するための微気候を作り出す。例えば、一本の樹木は、二酸化炭素を吸収して酸素を放出し、標準的には一日に380リットルの水を発散し付近の空気を浄化する。夏には、木陰をつくり、直射日光による熱取得を抑え、建物に入り込むまぶしい光（グレア）を少なくする。木々は、水、低木、植栽とともに風景を構成し、加えて空気の汚れをろ過し空気を潤わせ冷却する。

奥行きの少ない建物としたことで、より多くの人々の手近に窓があり、人工照明の必要性を減らしている。建物の内部は、空気力学に則って屋根や天井の形状をつくり、また各階床を大きな空間かアトリウムに面させることによって、強制ファンを使うことなく、開閉できる窓から入ってきた空気を循環させることができる。アトリウムの空気温が上昇すると、「煙突効果」によって上昇気流がおき、人々のいる空間から汚れた空気を引き込んで排出する。アトリウムによって分割された建物は、大規模な床平面をもち、これによって、人々が互いに心地よく見通し合うことができるとともに、健康的な換気が得られる。卓越風に沿って流れるように、あるいは逆にせきとめるように屋根の形状を決めることができる。ある程度の気候と条件であれば、決定された屋根形状によって、建物から空気を自然に引き出す量を増やすことができ、大量にエネルギーを使う機械冷房システムを使うことなく、心地よい環境を作り出すことができる。

私たちが設計を進めているボルドー市の中心地の裁判所では、これと同様の自然換気の原理を、暑いヨーロッパの気候下で採用している。法廷内で新鮮な空気を適切に循環させる必要性が、法廷の形態のデザインに影響を与えている。法廷の形態は、機能的にも外観上も、まるでホップの乾燥場のようである。外気を下から取り込み、小さいけれど効果的なトップライトから熱を抑え

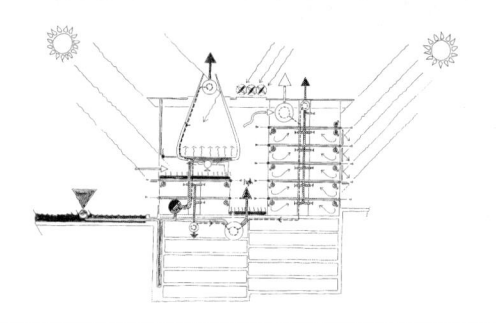

**裁判所、ボルドー、フランス、
1992-98年**
Richard Rogers Partnership
▲ 断面図は建物の中を流れる空気の自然の流れを示す。
▲ 裁判所建物の公共空間側の立面は、ガラス外壁のホールであり、そこに独立した7つの法廷が建っている。
▶ 法廷の形態は、自然換気を促し、日射による輻射熱が耐え切れないレベルにならない範囲で良質の自然光が得られるように配慮して決められた。
Eamann O'Mahony

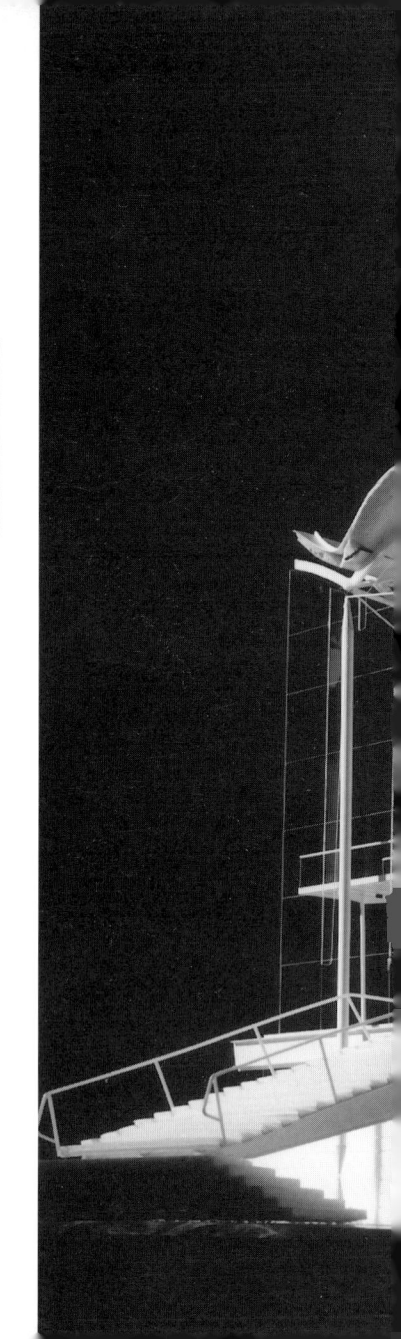

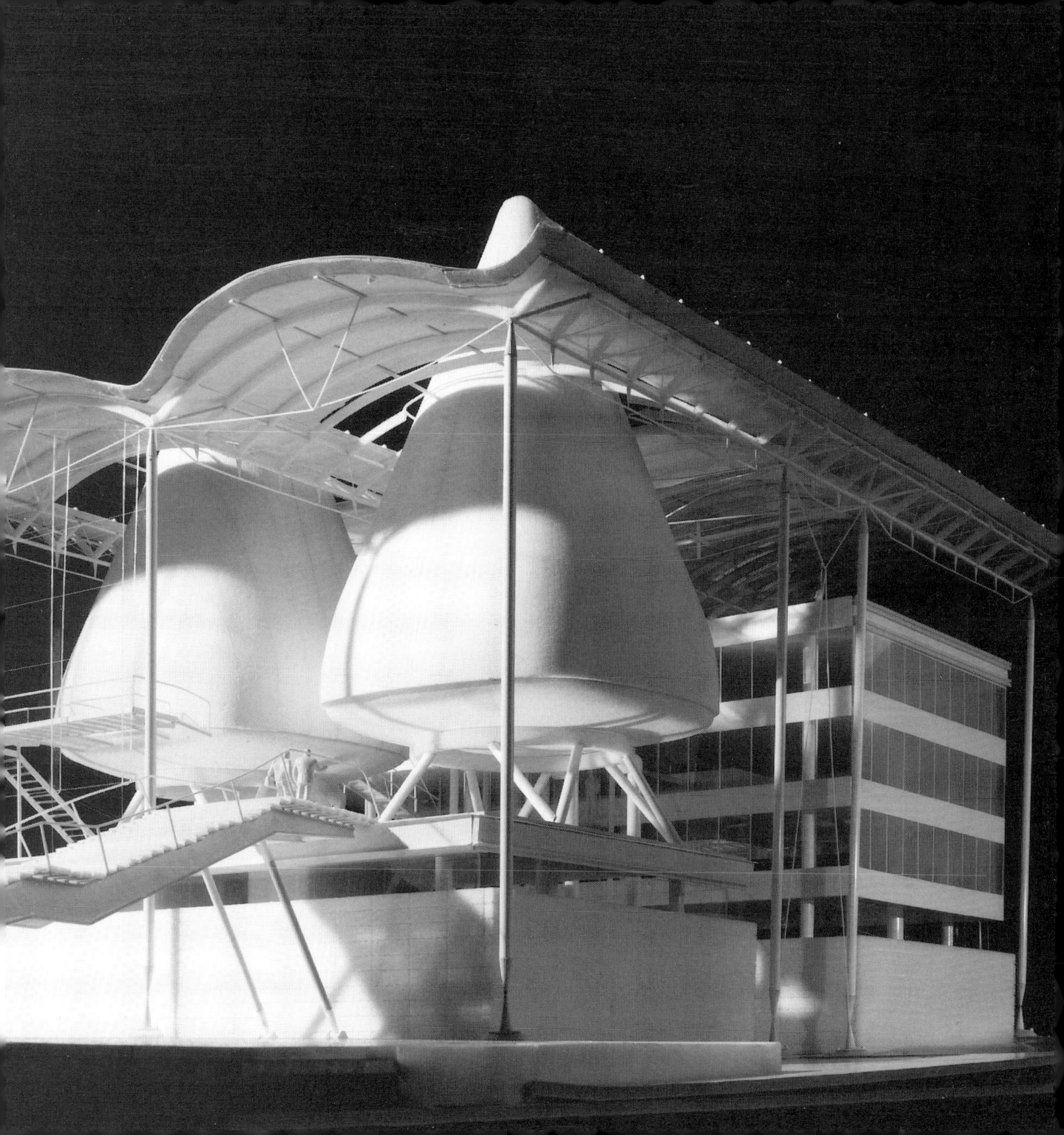

ながら光を取り入れている。法廷の上部が太陽熱によって暖められることによって、煙突効果が増し、十分な空気の流れがおきて、強制ファンは必要なくなる。外気が法廷内に流入する手前で、外部に設けられたプールを横切ることによって、空気は冷やされ湿気を帯びる。7つの法廷が接するパブリックホールは日射を遮りながらもすべてガラス張りとしている。そこから水面と、さらに向こうに壮大な中世のカテドラルを眺めることができる。このホールは人工池を通ってきた冷たい空気を引き込んでいるだけでなく、熱交換機を通して循環し常に一定温度を保っている地下水の冷却エネルギーも取り込んでいる。この自然の空調方式は、建築的な構成要素の一部となっていて、内部の人には眺望や水面の反射などを与え、外部の人々にもそれらを見る楽しみを提供している。

夜間の空気の「冷却エネルギー」は、建物内部の構造体に蓄積することができる。例えば、ロイズ・オブ・ロンドンでは、外壁を断熱のために3層の複層ガラスとし、内部の天井はコンクリートがそのまま剥き出しになっていて夜間の冷却エネルギーを吸収し昼間に放出する。このように建物のもつ熱容量を利用することによって、昼間の執務時間中の人工的冷房の需要を減らすことができる。これらの技術は、何千年も使われてきた装置を再解釈し翻案したものである。太陽に対してどのように建物が向いているかというありようは、エネルギー使用量の小さな建物を設計するうえでの生命線となる。一般的に、省エネルギー技術は、購入されるエネルギーの総消費量を半分から4分の3程度までに低減している。幸運にも、英国の温度気候環境はこれらの技術に十分に適している。ガラスによる二重皮膜の考え方は、全面ガラス外皮の「煙突」が作り出す空気層で、建物全体を囲み込んでしまうという考えにまで拡張することができる。二枚のガラスの皮膜が汚染や騒音の建物への影響を抑え、内側の皮膜には透き通った通気口としての窓を設けることができる。そこから煙突効果と、建物の外皮を流れる卓越風とによって、汚れた内部の空気が外に引き出される。夏には、空気の流れを盛んにし、熱をできるかぎり放出するため、換気窓を開け放つことができる。冬には、断熱効果を高め熱を逃がさないようにするため、このシステムは閉められる。

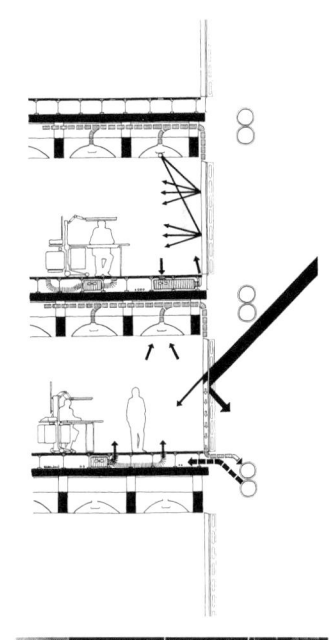

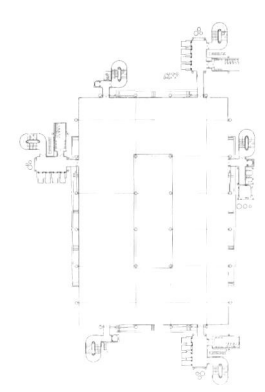

ロイズ・オブ・ロンドン
Richard Rogers Partnership

▲ ロイズの平面計画は、短寿命と長寿命のエレメントを分離しており、変更への対応性を高めている。

◀ アトリウムはマーケットの心臓部であるが、同時にまた取引階からの汚れた空気を排気するシステムでもある。コンクリート剥き出しの柱、梁そして天井は冷却システムの不可欠な部分を成しており、夜間冷却の貯蔵とともに、昼間は熱の吸収をしている。

◀ 左頁 三重ガラスの外装は、建物にとっての高断熱の外皮である。直射日光により窓内側に発生する熱は、引き出され、床下のタンクに貯蔵される。これによって、事務所空間を冷房する必要性が減らされている。半透明のガラスのスクリーンは、日射による熱取得を減らすとともに、光の壁を創り出す。開閉できる透明ガラスのパネルによって、入居者は自らの環境を調整することができる。

高度に部品化された外壁は、構造と設備部材によって構成されている。

Richard Bryant, Arcaid

太陽電池自動車は再利用可能なエネルギーのみを使ってできる限り効率よく人を運ぶためにつくられている。そのため、自然の力に逆らうことを極力抑えなければならない。建築もまた同様に自然に抗ってはならない。そのために、建築は自然の法則を尊重しなければならない。流れの障害となる度合いを減らし、乱気流をできるだけ生じさせないように建物の輪郭を決めれば、建築はより流線型になり、自然の力と相互に作用し合うような応答的なものとなる。

最近行った東京でのオフィス計画にかかわる研究プロジェクトで、その建物自体でエネルギーを自給自足できるアイデアを考案することが求められた。私たちはまず建物が必要とするエネルギーを最小限にすることからはじめた。全てのスペースは自然光による照明だけとし、付加的な照明が必要な奥行きの深い部分や地下については、昼光を集めたファイバーケーブルを配線し照明する。地下水を循環させ躯体を冷却する。南面のファサードはエレクトリック・ガラスで被われ、太陽が照りつけているときは半透明になって直射日光の侵入を防ぎ、曇りのときは透明になる。

私たちが使った建物周囲の風の流れをモデル化できる動的コンピュータープログラムは、航空産業や自動車産業で開発されてきたものである。それによって、卓越風を利用して建物タワーからの空気の引き出しを改善する方法を検討することができた。さらに私たちはこの問題を突き詰め、建物の形を調整することで、その外壁表面で風がより速く流れるようにすることを研究した。結果的に、飛行機の翼に揚力を与えるのと同じ原理を採用することとなった。建物の形状が、建物とそれに付随するタワーの間に置かれたタービンを通過する卓越風の速度を上げる。これらのタービンは風力を電力に変換し、その電力は昼間、建物の設備電源として使われ、夜間は高圧線に配電される。私たちと協働したエンジニアは一年中の建物のエネルギー使用について計測し、この方式が全期間にわたりエネルギーの自給自足を達成することを示した。消費する分と同等のエネルギーをつくりだすことができるのだ。ここでも、コンピューター技術がエネルギー使用量の少ない建物の設計プロセスを飛躍的に革新する突破口（breakthrough）となっており、図面の段階で

タービン・タワー・プロジェクト
東京、日本、1993年
Richard Rogers Partnership
▲ 概念スケッチ。風力で動くタービンが、建物とエレベーター・タワーの間に設けられ、風力を電力に変換する。
▶ 風洞実験室でのタービン・タワーのテストは、変動する卓越風のもとで、発電されることを示している。

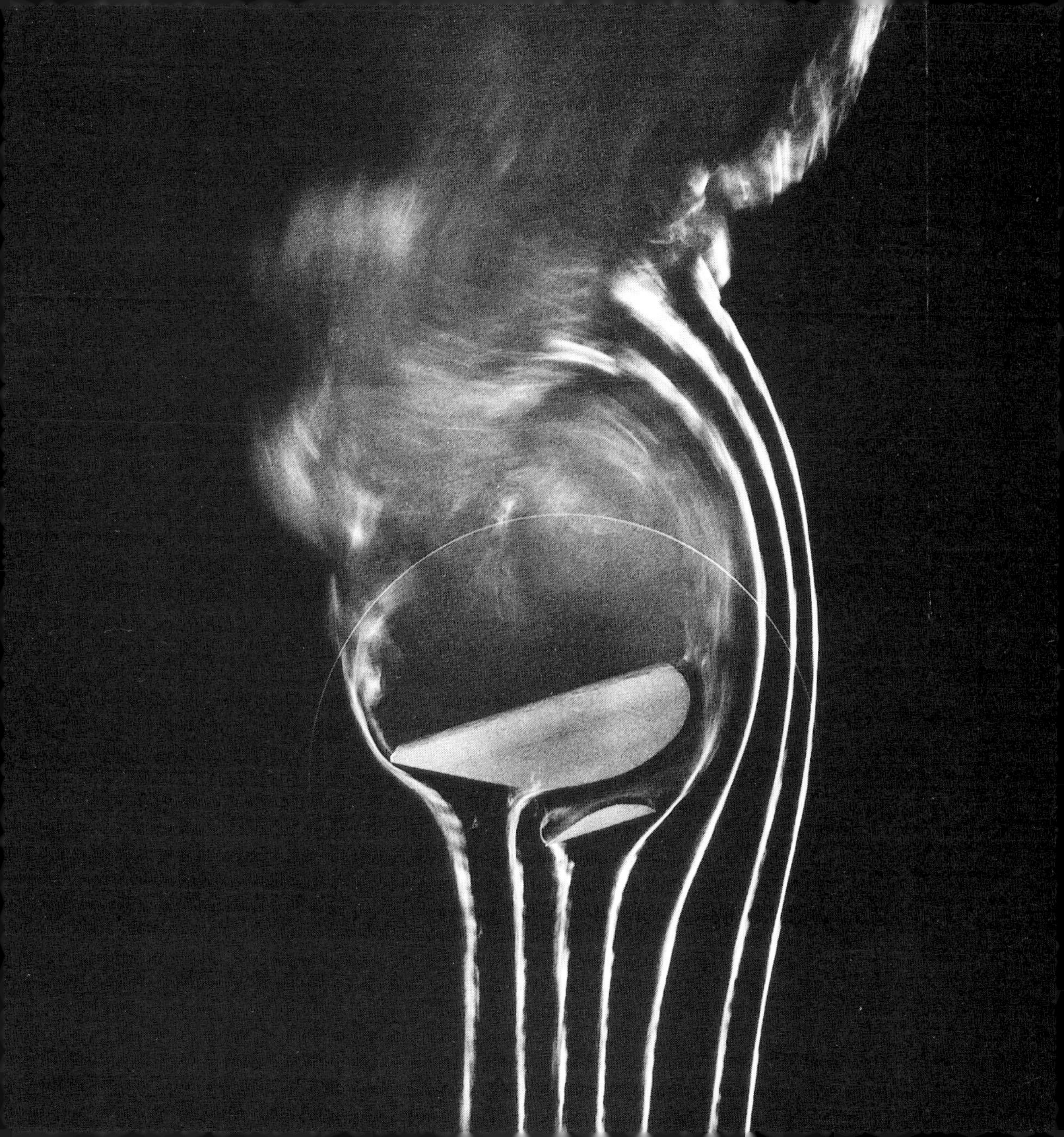

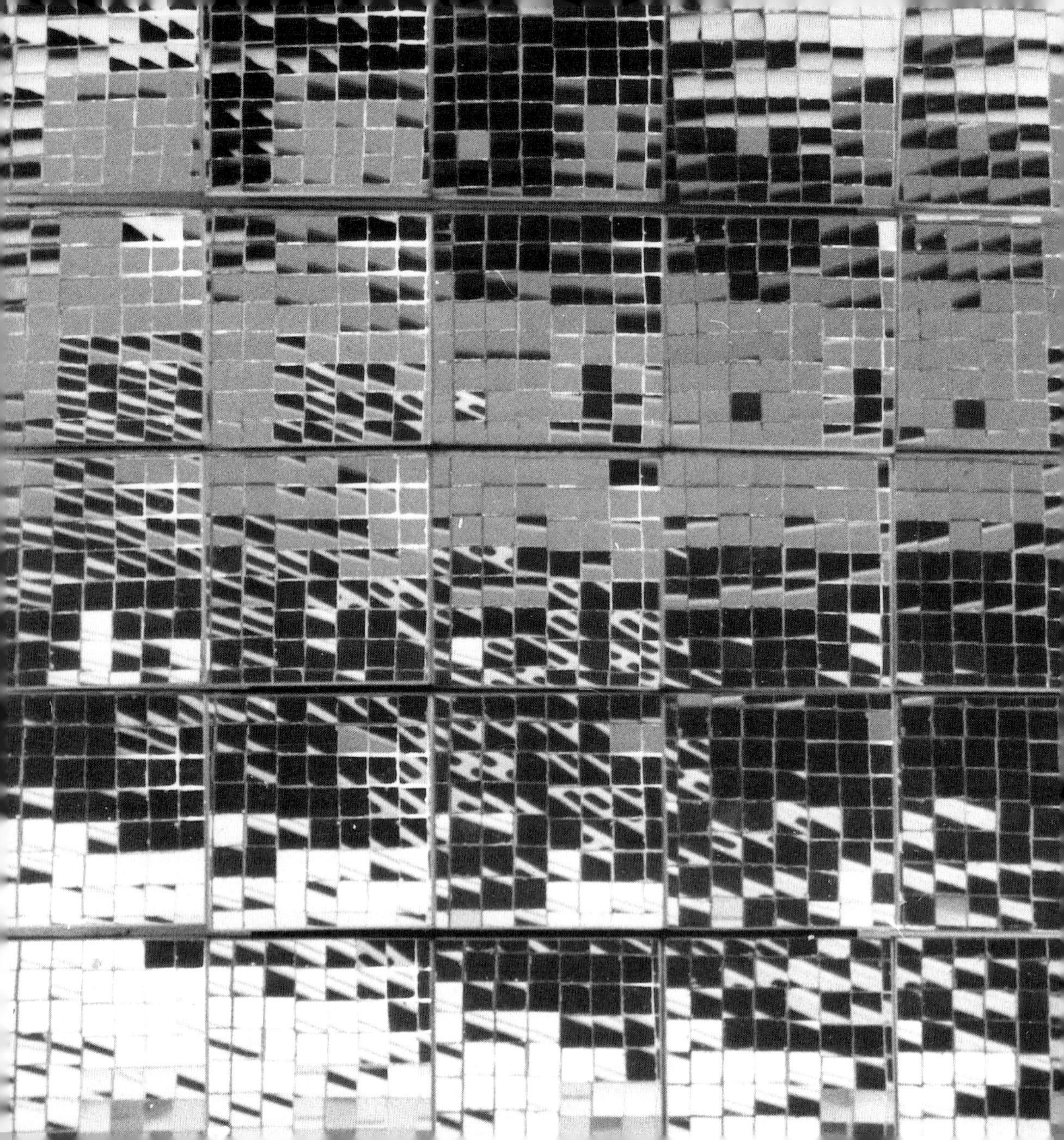

も、既存のプログラムを用いて、空気の動き、照度の状況、流入熱量を予測するモデルを生成することができる。このことは、建築設計の環境側面を磨き上げる私たちの能力を飛躍的に向上させ、エネルギー消費を低減するために自然環境を利用することが可能になった。新しい技術体系はまた、内外部の状態を逐次記録しておいてどのような特定の要求にも応えることのできる、エレクトロニクスによる敏感な「神経のようなシステム」を、前にも増して建築に与えていくことになる。断熱性能を高くしたり低くしたりできるような、あるいは光を通さなかったり透明になったりする新しい材料も既にあり、それらは環境に有機的に反応し、一日、または季節ごとのサイクルに対応して自らを変貌させることができる。

未来はここにある。しかし、建築への影響はまだはじまったばかりである。建物を自然のサイクルに適合させることは、建築をまさに本来の姿に戻すことになるであろう。

応答する皮膜
▲ カメレオン
London Zoo
◀ 断熱、透過性及び日陰が、季節、時間、使い手のニーズによって変動する。実験的研究。
Mike Davies architect

4　ロンドン：人間のまち

力と独立がなかったとしても、まちは、よい事物を
もつことができる。しかし、それなくしてまちは、
アクティブな市民をもつことができない。

アレクシス・ド・トクヴィル

4

四世紀もの間、ロンドンは世界中で、最も力のある、金融、商業、そして文化の中心地であった。建築、公園、広場、博物館、様々な公共施設など、この力と富の遺産は街の至るところで見ることができる。今日ですら、経済や文化活動の拡がりや多様化という点で、ロンドンに対抗できるのはニューヨークのみである。しかし、1980年代初頭以降、ロンドンは、そこに住む人々からみてさえ、健康的で、安全で、人間的な環境であるとは思えなくなってきていた。イタリア人であった私の両親やその他多くの政治的難民を受け入れ、世界的にその文明性を高く認められていた1930年代のロンドンとは、まさに対照をなしている。

ロンドンは、公共交通機関から住宅、水道、教育、公園、博物館に至るまでの近代の都市サービスの複雑な要素の組み合わせ（Matrix）を取りまとめることのできる市民行政を作った最初の都市である。もし、ウェストミンスターが議会制度の母だとするならば、私の両親の時代、LCC（ロンドン都庁）は、世界で最も進んだ大都会の行政組織として広く知られていた。ロンドンの赤い二階建てバス、警察組織、世界初の地下鉄網、学校あるいは公共住宅を通して、人間のための環境を作り出すことに懸命に取り組んだ都市の姿を見ることができた。

これは偉大な業績であった。なぜなら、そのたった50年前までは、工業化された国々の中で、最悪のスラム化都市であったからだ。高密度に混雑し環境は汚染され、疾病の蔓延に苦しめられ、都市に住まう人の寿命はたった25歳であった。1883年に聖職者であるアンドリュー・メアンズはビクトリア時代のロンドン市内のスラムについて生々しい報告をした。「ねずみや虫の群がる暗くて不潔な狭い道を手探りしながら歩いていく。悪臭のするあたりまでで引き返さないと、一室に二組の家族がぎゅうぎゅうになりながら生活しているような何千という小さな汚い部屋に入り込んでしまうことになる」。

大衆の抗議、メディアでのキャンペーン、そしてビクトリア時代の不動の自信が相俟って都市の改造は推進され、意欲的なプランニング規制に関する立法と、1889年のLCCの設立を通じて、実際に都市の改造は達成された。ロンド

▲ 前頁
ロンドンのスモッグ
公共交通のストライキの期間、ロンドンを覆ったスモッグ。ロンドンはいまや大気汚染に包まれることが常態化しており、その程度は、かの有名なロンドンの霧に対処するため1956年に石炭の燃焼を禁止する空気清浄化法（Clean Air Act）が制定される以前よりも悪い。
Brian Harris - The Independent

4
105

ンの環境をマネジメントするこういった先駆的なアプローチは、1985年まで生き残った。しかし、LCCの継承組織であるGLC（大ロンドン市役所）は、保守党政権により、改善が試みられることなく、政治的な敵意によって廃止されてしまった。GLCの廃止によって、それが担っていた責務、特にロンドン全体の戦略的な計画（strategic planning）に関する責務は、5つの中央官庁、32の自治区（London boroughs）、シティ・オブ・ロンドン、60幾つかの委員会及び特殊法人に分割されてしまった。

公職者が選挙で選ばれるヨーロッパで最初の近代首都は、いまや公選機能のない、ただの首都となってしまった（訳注 本書発刊は1997年）。ロンドンの人々は、もはや選挙で選び出す代表者をもたなくなり、都市の諸問題に直接もの申すことも、利潤のためだけになされる都市開発の企図をくじくこともできなくなってしまった。ロンドンは、市民を力づけるのではなく、市場を力づける都市政策によって、変質し続けている。全体的な調整統合がなく、ロンドンは、市民の生活の質や公共の交通システムを保護する機能を失いつつある。そして、国際的な催しを主催する能力においても、他の英国の都市と競う力さえなくなりつつあることを露呈した。ロンドンは、統一感も、方向性も、そしてプライドも失った。舵を失い、汚され、この偉大な都市の未来は危ういものとなっている。一方その他の都市では、市当局者は、未来に対して精力的に投資することにより、また公共の領域を拡げることにより、さらには意欲的な都市再生プログラムに乗り出すことによって、市民の利益となるような変革をマネジメントしようと努めてきた。それは、高度化・現代化された公共交通機関や、新しい文化施設、また用途の混合する近隣界隈を開発することへの投資を意味していた。実際、ヨーロッパ全域で、都市文化の更新と、都市生活の質の改善が重要視されている。

このことは、将来の計画に対するロンドンの元気のない態度とは際だって対照的である。参画も構想もなく、ロンドンは開発を続けており、市民による自治も機能していないことから状況は悪化している。都市のこれからの運命をコントロールするためには、ロンドンの将来についての論議に広範囲の人々が深く参画する必要があろう。そのためにはロンドン市民に説明責任のもて

る選挙で選ばれた市当局をもつことが不可欠である。こういった組織をもつことによってはじめて、前向きな変革を実行するに足る行政的枠組みを作ることができ、また、市民が彼らの都市の未来に向けての戦略的な全体計画の策定に貢献できることになる。

新しいロンドンの市当局は過去の経験より学ばなければならない。日常の行政事務の多くは、住民の監査を受けたうえで、個々の自治区に残されるべきであるが、しかし、ロンドンの都市交通、住宅、公共の領域、文化、教育、廃棄物とリサイクル、環境汚染、及び税金に関する行政は、都市全体を代表する公選された組織によって行われるべきである。究極的には、市民から、近隣界隈へ、自治区へ、都市へ、地域へ、最終的には国際的なスケールへ、その声が届く意思決定の階層構造をもたなければならない。私はここで、英国の都市変革が可能であることを論証するため、ケーススタディとしてロンドンを取り上げる。ロンドンはその歴史のなかで一つの転換期を迎えようとしており、私たちの世代は、ロンドンを世界のなかで最も住みやすく洗練された都市の一つへと改造する機会を与えられている。

一つの社会のなかで、建築及び都市のデザインが私たちの生活に対してもつことができる肯定的な影響について、私たちは恥ずかしいほどに無知である。私たちは、人工的環境（built environment）に対する取組みを長期的な観点から根本的に変える必要があり、そのための法令が準備されなければならない。教育はこの状況を改善する一つの重要な要素であり、新たな参加型の計画システムを構築することが不可欠である。私たちは、計画に対する様々な利害関係者が出席できる新たな機関を設立する必要がある。ビクトリア時代に識字率向上のために公共図書館をいくつも建設したように、私たちは、未来の世代の必要性を満たす都市をデザインするため、市民、建築家、プランナー、及びデベロッパーに情報伝達をするとともに彼らをデザインプロセスに巻き込むことのできる建築センター（Architecture Centres）をつくるべきである。

建築センターは、都市の戦略的計画、設計競技及びプランニング規制の具体

的適用について公に論議がなされる場所となる。それぞれの地域のセンターは、自治区、あるいは近隣界隈で機能しうる順応的なモデルを展示する。実効性をあげるために、センターは、都市、及びその建築・環境について、講演や、展示会や、講習コースを催し運営することも活動に含むべきである。プランニング委員会は、一般市民と都市デザイン分野の専門家を含むべきである。なぜなら、都市の環境に利害関係をもつ全ての人々のエネルギーを、都市問題に一緒になって取り組むことへと集中させなければならないからである。これらのセンターで、市民はデベロッパーや、居住している選挙区のプランニング委員会に出会うことができる。実際には、彼らは、「電子市民ホール（electronic town hall）」を必要とするかもしれない。それは、マルチメディアを使ったフォーラムであり、実際に人と人が物理的に会える場所でもある。そこでは、広範囲にわたる情報へのアクセスやそれらと交流する機会が提供される。それは、プランニングにかかわる職能が、公の必要性に応えるサービスをしていることを市民が知りかつ納得することを促す牽引車のような役割を果たす。「一般市民の内部に秘めた未利用の知識とアイデアのもつ豊かさを実現することは、都市問題を解決する鍵である。この内に秘めた豊かさの栓を開けることは、思いも寄らないアイデアの領域へ都市デザイナーを駆り立てるだけでなく、市民に対して彼らのアイデアや知識が問題解決のための必要不可欠な要素であるということを保証するという重要な目的を達成させる。このアプローチは単なる参加や相談といったこと以上のことがらである。それは、すなわち協働であり、協働は緊張を和らげる」と、建築家ブライアン・アンソンは、1960年代にコベント・ガーデンで不動産デベロッパーに立ち向かい、市民の権利を擁護した経験に基づいて記している。

1980年代の初めから、中央政府はこのような参加型の手法を手早く排除し、デベロッパーたちが敷地を選んで開発許可を申請するのを期待して待つような市場主導型のアプローチを計画してしまった。市場は利潤を追い求める。このようなアプローチは、都市から離れた敷地、あるいはグリーンベルトの端部にある平地を好む傾向がある。というのは、これらの土地は安く、投資分が簡単に償却できるからである。1980年代のブームの頃には、多くの会社が4年かそれ以下で投資分が取り戻せる対象を探し回るということは極めて

一般的であった。必然的に、多くの営利事業のプランニング許可申請は、小売、住宅、事務所、軽工業といった単一機能のもので、単に現下の商業的需要のみに狙いを定めたものであった。コミュニティの公共空間や複合機能への長期的な必要性は無視され、そしてそれによって、生き生きとした近隣界隈やサステナブルなコミュニティをつくる機会も無視されてきた。

市場主導型のアプローチの結末は、廃れたドック地域の再開発例である、アイル・オブ・ドックが最も顕著に具体的に示している。そこでは、中央政府の介入を許容した特例法が、地元地方自治体から、この地域の開発を規制する権限を奪い取ってしまった。ロンドンドックランド開発会社（LDDC）が設立され、法定のプランニング規制は適用されず、開発を促進するための税金上の優遇策がこの場所に設定された。重大なことは、この開発は、単に市場の需要のみに対応することが推進されるように性格づけられていたことである。その結末は、事務所スペースの余剰、商業的開発のでたらめな混合、集合住宅群と綯い交ぜになった事務所群である。それは、市民にとっての大事な質を欠いた、もしくは共同社会としての継続した便益を生み出さない、サステナブルではない開発である。この開発を推進するために中央政府が間接的に費やした資金は、納税者に対してとてつもなく高くついた大失敗であった。彼らは、大きなビジネスに補助金を与えた。しかし、それをどのように費やしたのか何もいわなかった。中央政府はこの大ビジネスに対して巨大な額の開発税の免除を与え、社会基盤コストについて大きな割り当て分を払わねばならなかった。首都のより大きな枠組みの中に組み入れられたであろう、またその隣接するより貧しいコミュニティを豊かにしたであろう、活気と人間的な慈愛に満ちた新しい自治区の誕生を得る代わりに、ロンドン市民は商業建築群の混沌を得ることになった。それとともにシティは、1990年代に吹き荒れた最もすさまじい倒産のつけを払わされたのである。政府、銀行家、そしてロンドン市民にとって皮肉なことに、もし、事務所、住宅、学校、店舗、及び社会的なアメニティ施設がバランスよく揃っていたなら、アイル・オブ・ドックは事務所市場の崩壊によってこれほどまでに影響を受けずに済んだであろう。

プランニング規制が適用される地域においてすら、市民に関する限り、その

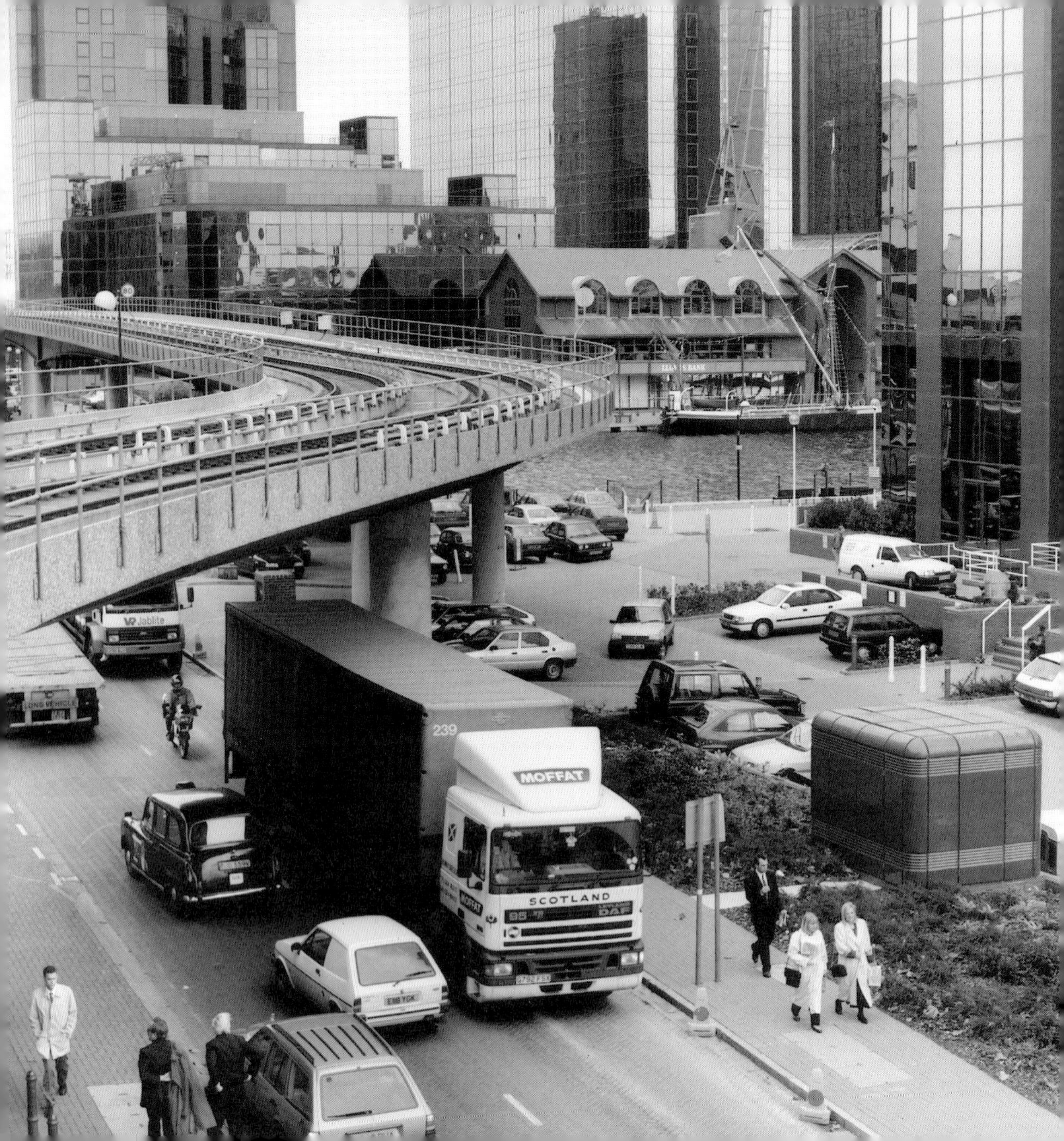
Jablite
239
MOFFAT
SCOTLAND
DAF

にわか景気と破綻を繰り返す商業的計画
▲ カナリーワーフ、ロンドン
ロンドンは集約的な商業的な事務所スペースを手にいれたが、しかし、違うやり方をしていれば混合用途のコミュニティを手にいれることができたのだ。
Edward Sykes - The Independent
◀ 放任主義の計画：商業用建物、道路そして残りの空間。
Peter Baistow

計画プロセスは事前予防的というよりも事後対応的であった。明確さを欠くプランニングのガイドライン、しばしば誤った情報がもたらされ決定の行方が予見できないプランニング委員会、そしてデザインの過程における生産的な公聴機能（public consultation）の欠如、こういったことの積み重ねが、高価な公的審査（public inquiry）や、担当国務大臣による脈絡のない決定という事態を招いている。プランニング規制は50年以上も前に確立した。それは、時間がかかりまた費用も高くつくプロセスであり、あまり具体的な規定をもっていない都市に対しては、美的側面に関する規制の様々な試みはこれまでいかなる成果も挙げることができないできた。

建物とオープンスペースの計画が協調することにより、全般的な戦略計画が環境政策を調整・統合する。その政策とは、ロンドンの「物質代謝」を効率化するものであり、その具体的施策として、エネルギーと資源の消費低減、廃棄物のリサイクル、使用済みエネルギーの再利用、大気汚染・水質汚濁・土壌汚染の軽減が挙げられる。環境に関して、ロンドンはヨーロッパの中でも最もサステナブルではない都市の一つである。ミドルセックス大学の環境計画学教授であるハーバート・ジラルデットがまとめ上げた最新のレポートは、ロンドンの膨大な資源消費を列挙している。例えば、ロンドンでは毎年、110隻のスーパータンカー相当分の石油、120万トンの材木、120万トンの金属、200万トンの食料、プラスティック、紙、そして10億トンの水が消費されている。その見返りとして、1500万トンのごみ、750万トンの汚水、6000万トンの二酸化炭素を排出している。これらを考慮すると、ロンドン自体の広さは40万エーカー分であるものの、資源の取得や廃棄のためにはほぼ5000万エーカーの土地が必要となる。ハーバート・ジラルデットは明快に次のように語っている。「[ロンドンの] 人口は全英国の12％にすぎないにもかかわらず、それを支えるために、この国の生産に供しうる全ての土地と同じ広さの領域を必要としている。ロンドンを支える領域は、カンザス州の平原の小麦畑や、アッサムの茶畑、ザンビアの銅鉱山などはるか遠くの場所場所に広がっている」。

他の大都市と同様、ロンドンは地球環境へ脅威を及ぼしている。都市における消費や廃棄や汚染を低減することは、環境危機と立ち向かい、健康的で効

率的な都市生活の質を生み出す基盤を提供するうえでの中核になる。建築的・環境的・交通的及び社会的価値基準を一体化したロンドンの全般的な戦略計画の実行は極めて重要であり、その意義を過大評価してしすぎることはない。短期的には、ロンドンは都市部をこれ以上拡張するよりも、一体化することに努めなければならない。世界中の他の工業化された都市がそうであるように、ロンドンの製造業は他に移転し、ドックは放棄され、多くの近隣界隈は崩壊したが、いまなお汚染と混雑は増加している。この三十数年の間に、ロンドン中心部は、ほぼ3分の1の人口と20％の仕事を失った。この数字は他のいかなるヨーロッパの主要な首都よりも大きい。しかし、都市部での人口は減少している一方で、外に向かって環状に広がるようにスプロールしつつあり、ロンドン外縁部での人口が増加している。1945年当時は三十数マイルの幅におさまっていたロンドンは、現在ケンブリッジからサウサンプトンまで200マイルに拡張されたエリアからの通勤者も受け入れている。ロンドンは、ヨーロッパの中で最も大きく最も複雑な都市地域を形成している。

ブライアン・アンソンは次のようにロンドンの苦境を叙述している。「他の多くの都市と同様に、ロンドンは世界的に知られた中心部と、それを取り巻く内環部と、グリーンベルトに沿った外環部を有している。中心部が汚染と混雑の問題に苦しんでいる一方で、内環部に貧しく不利な立場にある人々が追い込まれている。彼らは外部に逃れることもできないし、内側の中心部の施設に住むこともできない。ここがまさに、住宅地の高額化により、貧困な人々が押し出され、病院や学校、交通機関などといった社会サービスが削り取られてしまう地域なのだ。これこそ都市の危険な火種である。近年のほとんど全ての都市計画は中心部に集中してきた。これは大いに誤った考えであり、恐らく悲惨な結末を引き起こす禍根となる。大企業の金融上の便益は中小企業や消費者にやがては還元され浸透するという『トリクルダウン』という経済理論は明らかに有効ではない」。

ロンドンは周辺部へ拡大していくとともに、中心部にあった産業も去っていき、結果として大きな貧富の差が残った。ヨーロッパ中で英国は最も貧富の差の大きい国である。1％の富裕層が国家全体の富の18％を所有していて、そ

の状況が絶望と犯罪を喚起している。ロンドンは世界有数の金持ちの都市であるが、英国の最も貧しい10の自治体のうち7つがここにあり、そのほとんどは東ロンドンに位置している。ロンドンの中心部近辺は、その5%ほどが放棄されたような状態となっている。それは、ワンズワース、ボクソル、グリニッジ、シェファーズブッシュ、ランベス、ホクストン、ウォータールー、そしてキングスクロスという大きな範囲である。これらの荒れた、そしてしばしば汚染された不毛の地は、環境的な荒廃と同時に社会的な危険性をはらんでいる。それらの土地は見すぼらしく、周囲に住んでいる人を遠ざけている。これらの地域の困難や欠乏を正し、改善しようにも、その費用の高さが、市場原理に基づいた再開発を思いとどまらせてしまう。しかし、それらの土地は、既存のコミュニティを再活性化し、この首都の将来にわたるサステナビリティを確固たるものにするであろう成長を生む素晴らしい可能性も秘めている。

歴史的にロンドンは、似かよった他のヨーロッパの城壁都市とは違って、複数ある中心地のまわりに発展していった街であり、いまだにそれぞれ特色のあるまちや集落の集まりという性格をもっている。ハムステッドからウェストミンスターまで、ノッティングヒルからライムハウスまで、それぞれが独自の地域の特徴や、視覚的なアイデンティティや、歴史をもっている。ロンドンがスプロール化し、この多核的なパターンが徐々に侵食されていくのを防ぐためには、私たちはこのような近隣界隈をコンパクトで持続可能な核として補強することを積極的に行わなければならない。

1993年から1997年まで環境担当相であったジョン・ガマーは、革新的な新しい政策綱領を導入した。特に公共政策要綱（Public Policy Guidance）13号では、インナーシティでの開発密度を高めるため、郊外の緑地帯よりも、既存のしばしば汚染されているインナーシティでの開発に戦略上の優先度を与えている。また同時に自家用車利用への依存度を減らすため、開発と公共交通機関の調整を求めている。これらの政策は、スプロール化の波を逆に押し戻し、コンパクトな近隣界隈による多核的なロンドンの構造を強化する可能性をもつ。これらは英国の都市計画の根本的な変革であり、信念ともてる能力をふるって地方自治体で採用される必要がある。

東のウールウィッチから西のブレントフォードまでテムズ川に沿って、ロンドンは広大な放置された旧工業用地を持っており、これらは、予想される首都の巨大な住宅需要に対応することへの一助となる可能性をもっている。それらの放棄されたドック用の土地や工業地帯は、テムズ川をかつてのようにロンドン生活の焦点として復権させる理想的な機会を新たに生む。再開発用の広大で荒廃した地域をカバーする、環境影響分析を含む柔軟性をもった総合基本計画（master plan）を用意するため、世界的建築家と最高の才覚をもったプランナーが集められるべきである。例えば、もし、テムズ川に面した多数の未利用地群がその柔軟性をもった総合基本計画の検討対象になれば、その結果行われる再開発は、川岸の遊歩道であれ、川沿いのそれぞれ特色をもった公園群であれ、あるいは建物群と空間との小気味よい構成であれ、公共の領域の著しい、しかも意義の高い増加が産み出されるようなものとなるであろう。計画の目的は、いかなる特定の開発計画の柔軟性も犠牲にすることなく、首尾一貫した全体的な美しさを築くことにおかれるであろう。

総合基本計画で取り決められた全般的な戦略の価値基準に則って、これからの建築家やデベロッパーたちは個々の計画に当たるであろうが、彼らは、面白みも特徴もない指導要綱、あるいは美学的な形式に関する規制的な仕様規定には従わないであろう。総合基本計画に則ったこのやり方こそが、関与するデベロッパーや建築家の自発的な決定権を過度に侵すことなく、長期的な視野にたった公共側の要求条件が民間の開発を誘導できる方法である。都市における長期的な質を創り出すということは、公共の関心の的であり、それゆえにこそ、公共は、計画の首尾一貫性を確保する責任をもつ。ロンドンの将来を計画するには、政府による指導、最良のデザイナーへの発注及び市民の積極的な参加が必要である。

貧困と放棄による荒廃が膨大に集中する東ロンドンは、戦略的計画（strategic plan）の特別な検討課題の対象とならねばならない。この場所こそ、ロンドンが国際的な鉄道網を通してヨーロッパと分かち難く繋がるであろうところであり、この繋がりの商業的な重要性について誇張しすぎることはない。このことは、ヒースロー空港によってロンドン西部へと都市が拡張

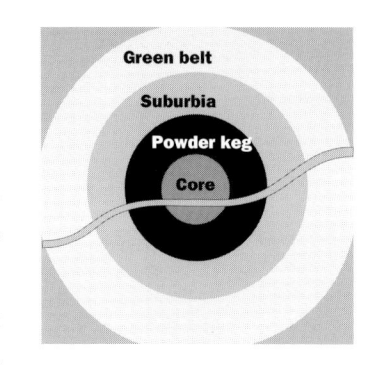

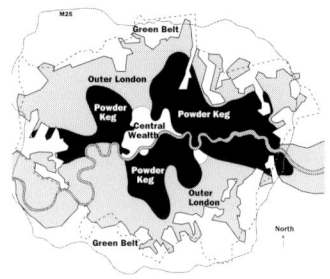

ロンドンの社会計画
▲ ダイアグラムは、歴史的なコアと郊外開発地域の間に横たわる環状地帯（inner ring）に貧困層が集中していることを示している。
▲ ロンドンには英国で最も貧困な20の自治体のうち14の自治体が所在している。
▶ ダイアグラムは、対象とした都市再生プロジェクトが、いかにして不利な立場におかれた地域における生活の質を改善し、都市への統合を推進すべきかを示している。

ロンドンの貧困地域を対象とした都市再生プロジェクト

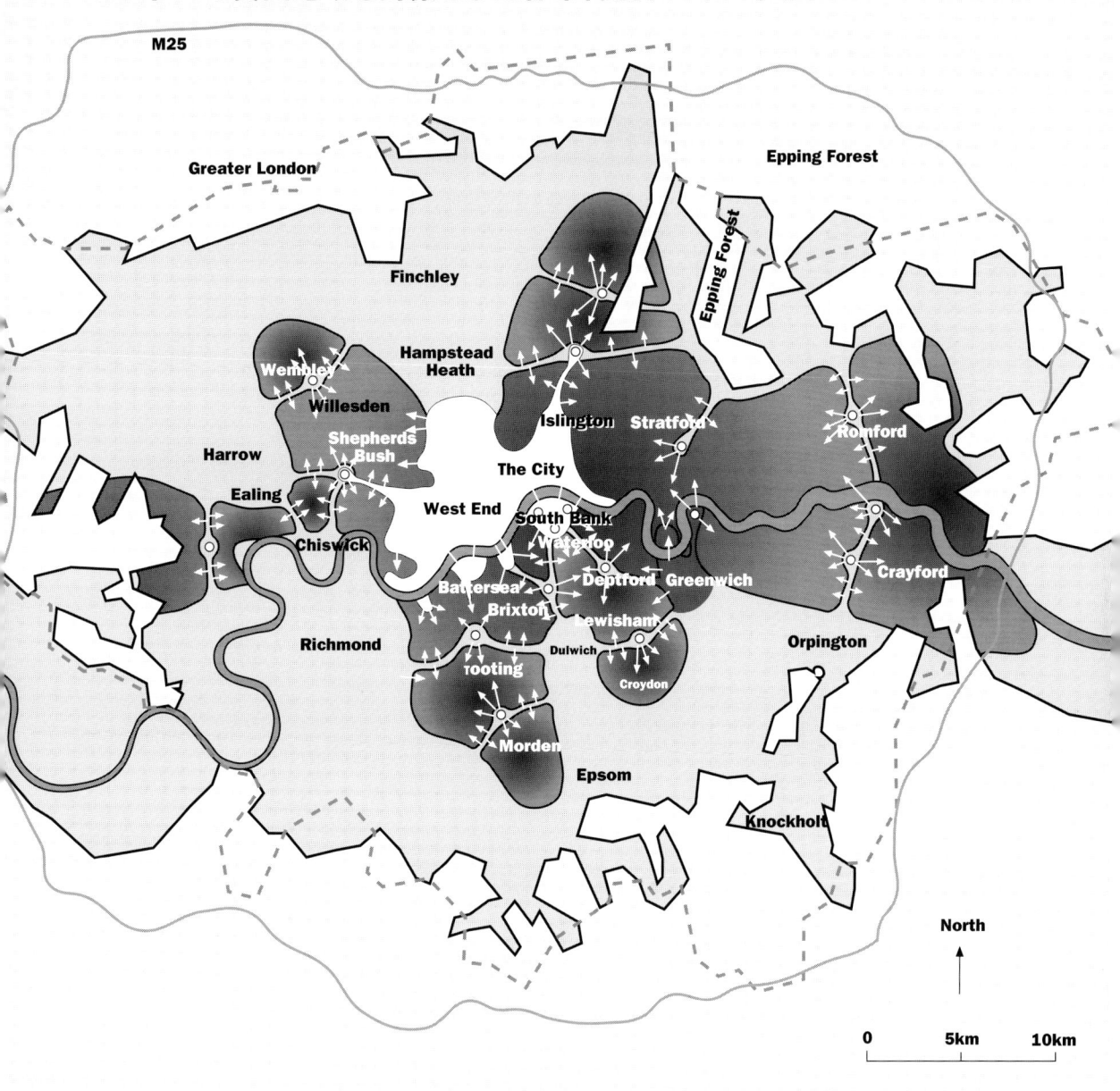

したことを考えればわかるだろう。東部地区への発展は必ずや起こるものであり、それをロンドンの長期的なニーズのためにマネジメントしていけるかどうかは、私たちにかかっている。そして、ロンドンがさらに拡大する必要があるのなら、それは新たな高速の公共交通機関で結ばれた、大規模で自己充足的な都市のクラスターという様態をとるべきである。私は、もし近年の経験から正しく教訓が引き出せるのならば、ロンドンは全く新しくよりよい姿へ形を変えることができると確信する。利潤追求のみに動機づけられた開発によって引き起こされた行き当たりばったりの単発的な開発が生み出した反社会的な類型は、ロンドンが必要としているものを充足しないことを自らが顕わにしてきた。戦略的な計画と具体的な総合基本計画に関する検討は、これだけ多くの利用できる再開発用地があることを活用して協調的な都市のルネッサンスをおこすことができるかどうかの鍵をにぎっている。

ロンドン・スクール・オブ・エコノミックス（LSE）のピーター・ホール都市デザイン担当教授は南東部イングランドの住宅需要について驚くべき数値を示している。「現在私たちのうち700万人足らずがロンドンに住み、加えて1150万人がM25（ロンドンの外周部にある環状高速道路）を越えた南東部に住んでいる。つまり、この両地域で1850万人が700万の独立した世帯をもっている。私たちはいま、世帯増による爆発的な需要増に直面している。今後20年間で164万世帯の増加が南東部で見込まれている。これは世帯数の23％増に当たる」。この需要に対応するため、高品質で人々が入手可能な住宅が切実に必要とされている。

しかし、1995年の平日の夜には、2000人以上の人々が首都の路上で粗野なる眠りをとっていたというのが現実である。その同じ年に、ロンドンの自治体が300戸しか新たに住宅を建設しなかったということは、ショッキングなことであり、告訴されるほどの非難をうけるに値する。ロンドンでは、子供のいる家庭も含め12万もの人が、永住できる住宅の保証がない状況で生活している。この数値は、平均的なロンドンの自治区の人口よりも大きい。1980年代以降の政府の住宅政策は、コミュニティの多様性を根底から蝕み（むしば）、都市のスプロール化に拍車をかけてしまった。

サステナブルな開発の枠組みの工場跡地地域への適用

グリニッジ ペニンシュラ 総合基本計画、1996年
Richard Rogers Partnership

模型はグリニッジのミレニアム計画の構想を示している。ここはかつてガス工場があった敷地であるが、現在、サステナブルな混合用途の都市地区として再開発されつつある。

第一期には公共空間や移動手段や交通システムの骨格が整備される。これは国をあげてのミレニアム博覧会をこの地区の基盤ができる前に開くためである。

社会基盤はウェストミンスターと15分以内で結ぶ地下鉄の駅、50エーカーの公園及び広場、地域の学校施設とアメニティ施設、2kmにわたる川沿いの散策路、自転車路、そして道路及び都市サービス幹線が含まれる。
Richard Davies

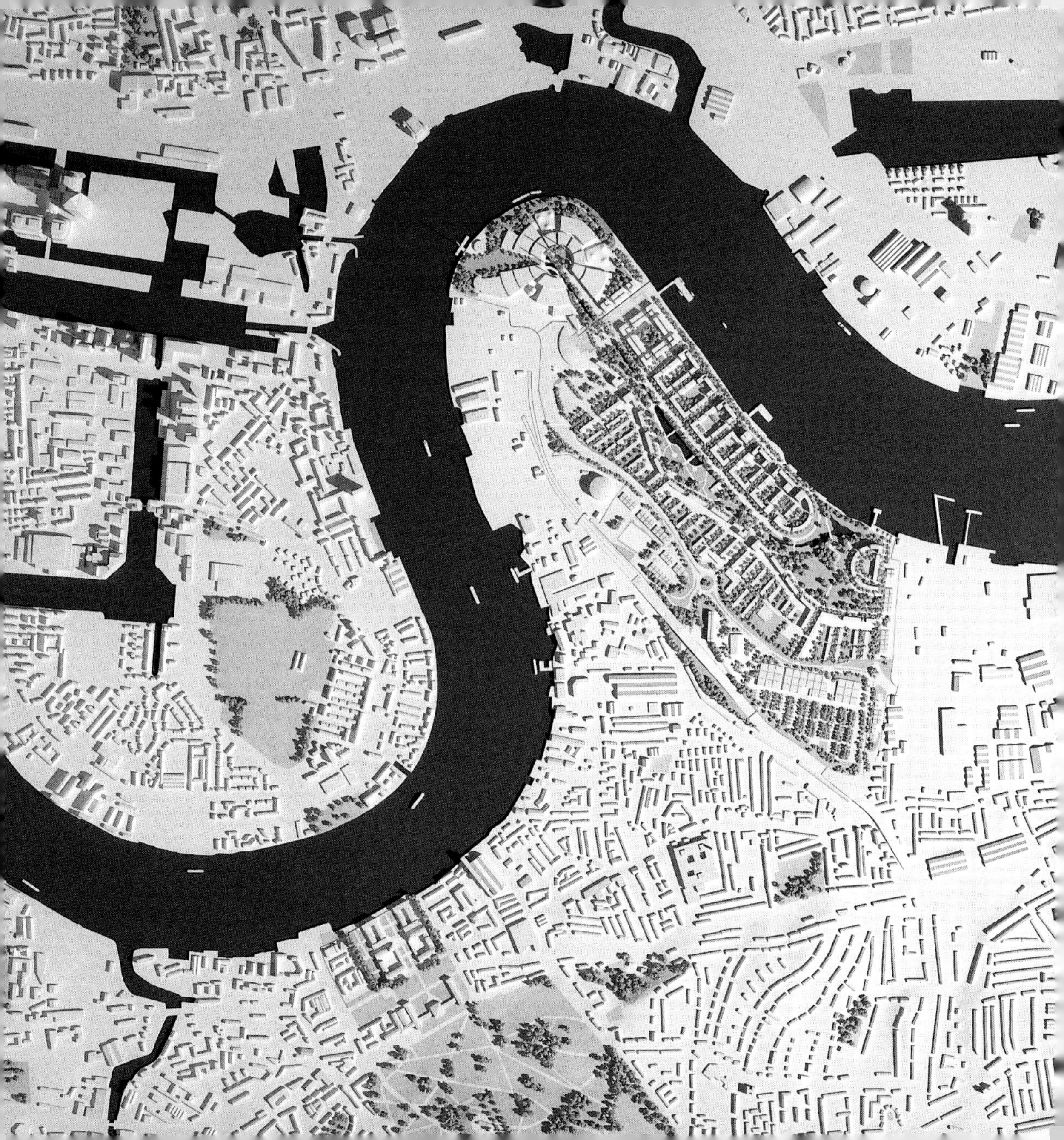

住宅は、私たちの都市の近隣界隈を強固にするための鍵の一つである。膨大な需要への対応と既存コミュニティの強化は、放置されて荒廃し汚れた土地を再開発し、公共交通のノード（結節点）のまわりに、密度の高いコンパクトで複合機能を含んだ開発をすることで実現される。もし、私たちが、身のまわりの近隣界隈を強化し、サステナビリティを進展させることを欲するならば、ロンドンは入手可能で人間的な生活の質を提供できるコミュニティを創出する必要がある。ロンドンで新築される住宅は、納税者が部分的に資金を負担している場合さえも含め、民間デベロッパーや民間の協会によって建設されている。それらは、近隣界隈を強化するというよりも、消費者の要求を満足することを主眼にデザインされている。結果として、公共の街路や広場や公園があり、そこに店舗や事務所や学校が混在している密度の高い計画——サステナブルなコミュニティのモデル——は拒否され、敷地内にあたう限り最大限の戸数の個人住宅を詰め込む囲われた居住地が好まれている。このようなやり方は、環境的にサステナブルではない低密度のスプロール化を永遠にロンドンに続けさせるだけである。英国人は「住宅」に関しては、他人が口を挟まず自らが決めるべきことがらであると拘泥している。都市の戦略全般のなかに住宅政策を組み入れることは数々の利点があると証明されているのに、私たちはそれを無視しているのだ。

オランダなど幾つかの国々では、住宅が都市再活性化の大きな要素であることが広く認識されている。そこでは、居住者が参加してデザインがなされ、コミュニティ全体に活気を与えるような施設を必ず含んでいる。公共住宅は自立・自治的な住宅協会の手により建設され、地方自治体によって調整され、個人所有の住宅と都市のなかで融合する。居住者やその地域の人々が、建築家の選定から計画案の策定まで、住宅を入手する全プロセスに深く参画する。

ロンドンには、店舗の上階や未使用の事務所建物に、大量の未入居の空き室がある。ロンドンの内部だけでも、少なくとも20万戸の永住用住宅が、店舗や商業的建物の上階を用いて供給できるはずだと、「下駄履き住宅居住の会（LOTS: Living Over The Shop）」などの組織が主張している。さらに、ロンドンの2000万平方フィート（＝約185万平方メートル）の未使用の事務所建

物から、理論的には2万戸の住宅が供給できるはずである。

ロンドンはまた、朽ち果てつつある住宅団地の中に押し込められている数十万人ものより貧しい人々が抱く絶望に対して、救済の手をさしのべなければならない。ロンドン内部の4分の1以上の家庭は地方自治体が建設した公営住宅に住んでいる。1960年代から70年代につくられたこれらの典型的な公営住宅団地は、その配置・平面計画においても、また悪名高くなるほどの管理・運営されている点においても、まさに「反都市（anti-city）」である。それらは他のコミュニティから居住者を孤立させ、無視させることを運命づけてきた。全国居住者人材センター（National Tenants Resource Centre）などの団体は、自分たちで団地を管理運営できるように居住者を訓練することによって、絶望を希望へと転換することを図っている。ブロードウォーターファームやクラプトン・パーク、あるいはホーンジーなど、以前は受け入れ難いほど荒れていた団地が、地域の知恵や人材の支援をうけつつ、自治体の住宅当局と居住者との間の協調的連携（Partnership）によって変貌を遂げた。このような草の根運動こそが促進されなければならない。中央政府はこれに資金援助すべきであり、外国での優れた先例が運動を担っている人々に紹介されなければならない。

住民を都心回帰させることが、サステナブルな計画の本質的な目的であるが、都市居住を促進する住宅政策上の戦略は、大気浄化、街路の安全性向上、教育や都市における移動の容易さを改善する政策によって支えられなければならない。

自家用車はロンドンにおける疾病のより深刻な原因となりつつある。車によって引き起こされる汚染は、7人に1人の子供が喘息あるいはその他の呼吸器系疾患に悩まされていることの要因の一つとなっている。1994年の冬、記録的な汚染レベルによって4日間に155人もの死者が出た。乗り物からの排出物により、年間ほぼ1万人が英国中で死んでいる。これらによる汚染によって39億ポンドの医療費が国中で使われているといわれている。「2000年の交通の会（Transport 2000）」のスティーブン・ジョセフは、自動車産業のも

たらす害悪は30年前のたばこ産業のレベルに達したと算定し、「健康の側面はいまや議論の性質を変えようとしている」と述べている。

しかし、自動車交通の問題は単にそれがひきおこす汚染の問題のみにとどまるのではない。交通の恐さは知らない間に私たちの行動に影響を及ぼしており、空気の質の悪さは、家族の住まいを都心部から遠くへ移転する要因となっている。親たちは小さな子供たちがひとりで家の前の道路を横断することを嫌がっている。このような束縛は実際に子供を友達から孤立させ、独立心の芽をつみ、成熟した大人になることを妨げる。過去20年の間に自分たちだけで学校にいく7、8歳の児童の割合は80%から9%になってしまった。自動車交通と汚染は、歩行者や自転車利用者の気持ちを萎えさせつつある。英国ではたった9%の児童しか自転車通学していないが、これは83%の児童が自転車通学しているオランダと対照的である。そして、汚染や交通渋滞はあたかもそれ自体では十分には悪くないかのように、英国産業連盟は、1995年だけで、交通渋滞によるエネルギーと時間の損失は150億ポンドに相当すると見積もっている。

なお悪いことに、現在の政策は、自動車の利用を削減させるどころか、むしろ増加させようとしている。買い物場所、働く場所、そして住まいがお互いに離れ、公共交通が衰退してしまったため、自動車は必要不可欠な交通手段となってしまった。新設されるスーパーストア、ビジネスパーク、住宅地やショッピングセンターは既存のコミュニティから離れたところに位置している。大規模な販売元直結の小売店（outlet）は、目抜き通り（high street）から仕事と活気を奪い去り、それらが立地する都市の外周部の交通量を増加させている。

1995年、環境省は、郊外型のショッピングセンターを許可してきたこれまでの政府の政策が、私たちの地元の商店街を空洞化させてきたことを認めた。こういった結末は、40年前のアメリカで既に証明されていたのであるが。しかし、かつてのまちや集落から発展したロンドンの多核的中心地では、高い賃料や、固定資産税や、汚染され混雑した街路がもたらした目抜き通りの小

自転車用レーン
◀ ロンドンにおける自転車走行には混雑と汚染に伴う危険がつきまとう。これに輪をかけているのは、ロンドンの公共バス・システムがディーゼル油を使っていて、道路における空気の質の悪化の重大な誘因となっているという事実である。
The Independent

規模ビジネスの弱体化に、それと同じくらい苦しんできた。個々の自治区（borough）は、こういった傾向に歯止めをかけつつ、その街路の物理的環境と商業的活性度を改善しようと試みている。こういった取組みは、その場所に留まりコミュニティの強化を手助けしようとする人たちに対するビジネス上の動機付け――言い換えれば、賛同者たちの行動――によって支えられなければならない。これは小売産業を規制するというものでなく、より広範囲のコミュニティを持続させるサービスを推進するための税制構造を導入する、というものである。

政府は、自動車交通が大気汚染の主な原因であり、しかも自動車台数は増加傾向にあるということを渋々と認めつつも、自動車問題の解決に取りかかることができなかった。驚くことにロンドン内の移動の3分の2は既に自動車に頼っており、政府調査機関は今後25年間に自動車交通は142%増加するであろうと予測している。皮肉なことに、自動車による移動が増えれば増えるほど、バスや車に乗る人の総数は減少する。実際、朝のラッシュアワーにおけるロンドンの高速道路利用数は1956年の40万4000台に対し、1996年では25万1000台と驚くほど減っているのだ。

にもかかわらず近年、主要な公共交通機関に政策の重点を置く率先策は避けられ続けてきた。交通省の予算上の優先事項がそのことを完全に証明している。97%の予算が道路に費やされ、わずか2%が鉄道に割り当てられている。1930年代の地下鉄マップと1990年代のそれとを比べてみるとよい。それらが、基本的には同じであることに気付くであろう。例外は、ジュビリーラインが遅れ遅れで拡張されたことであるが、チェルシーラインやクロスレールなどの新線は、まだ着工延期されたままか、既に中止されている。ピーター・フォード・ロンドン交通局長は最近、1997年の予算削減は、今後3年間にわたって3億ポンド、初年度分を含めると総計12億ポンド分の未完了の工事を作り出すことになる、と言明している。ノーザンライン、ディストリクトライン、ピカデリーラインで必要とされる機能向上・更新は遅延するであろう。また、エレファント・アンド・キャッスル駅、オックスフォード・サーカス駅、ノッティングヒル・ゲート駅の改築は棚上げされてしまうであろう。

公共の領域
ロンドンにおける公共の領域の状況を示した一連の分析図面の一部。
近隣界隈における生活の質は、広場、公園、娯楽センター、商店や公共交通など、公共的に介在するものの数と質に相関する。
▶ 最も近い地下鉄駅から10分以内に到達するゾーンの重複。黒い地域は、こういった重複したサービスが欠けていることを示す。
Richard Rogers Partnership

通勤の中核から
1km/10分徒歩圏

400m/5分
地下鉄

0.5km

0.5km

1km

海峡を渡れば、ナポリや、ストラスブール、アテネといった様々な都市が、ロンドンとは比べようもないほどの意欲と構想をもって交通渋滞や汚染の問題に取り組んでいる。私たちはこの問題について正確に把握していると思われるが、政府は今ある技術や組織の能力で十分成し遂げられるような解決策を実行することを、説明できないくらい、のらりくらりと避け続けている。例えば、自動車の排気ガス中の有害成分を低減する触媒コンバーター付きの排気量の小さい自動車や、あるいはさらにいえば電気自動車を購入したロンドン市民には税優遇が与えられるべきである。通過交通を阻止するために道路利用者に課金するロードプライシング (Road Pricing) も導入すべきである。研究によれば、これにより30%の交通量削減になりうるが、ただし、これは並行して公共交通機関が改良された場合に限る。

ロンドンの自治区は、交通量を制限したり、駐車制限を強化したり、駐車料金を値上げして、自動車利用者がますます暮らしにくくなる施策をとっている。これらの仕事の執行を民営化することによって罰金から得られる収入が大幅に増えた。シティ・オブ・ウェストミンスター自治区では、この資金を公共の領域の改善のための財源とした。しかし、自家用車の使用のみを取り締まり、これに対応した公共交通の改善のための行動をとらないでいることは、移動に関わるコストを引き上げ、ロンドン市民の効率をただ悪くするだけである。政府は、妥当な値段で移動が自由にできるようにしなければならない。ロンドンの公共交通機関の乗車券の平均的な値段はパリよりも25%高く、マドリッドの倍である。

全てのロンドン市民の公共の交通機関を無料にする——どうして駄目なのか？ これらのサービス費用の一部は住民や就業者に課税されている首都税で賄える（老人や失業者あるいは低所得者への補助金は継続するという前提で）。税金を支払った住民や就業者は年間のトラベルカードを受け取り、一方、旅行者・訪問者は従来のように乗車券を買うようにする。納税者の全てに対して公共交通の利用を無料にするのは効果的であり、自動車による移動はある種の贅沢と見なされ始め、人々を車交通から遠ざけることになる。1983年にGLCが行った「料金値下げフェア」で運賃を24%値下げしただけです

ら、公共交通機関の利用総マイル数は16％まで増え、自動車による通勤を減少させた。自動車交通を減らすことで、バスがより速くより効率的に運行され、自転車利用が促される。短期的な需要の増加はバスをさらに購入することで緩和できるであろうし、長期的にはトラムや軽鉄道（light rail）や地下鉄を建設すればよい。

近隣と仲良く助け合っていける都市をデザインすることは、まず統合的な交通システムを整備することから始まる。ロンドンでは、民営機関から公共機関、リバーバスからトラム、そして新たな地下鉄路線から自転車専用道路に至る、全ての交通機関を一体的に機能させる戦略が必要になる。システム全体及び個々の要素の実効性について、単に収益性の観点からのみならず、エコロジーや社会的観点から評価しなければならない。現在では自動車による移動が安いが、これは納税者から補助金を受けているからである。自動車交通の間接費——すなわち道路の建設や維持管理、企業所有自動車への補助金、汚染による長期的な損害、地域のコミュニティの分断、健康への被害など——は、自動車やガソリン代には全く含まれていない。

私たちは往々にして、公共交通に多額の経費をかけるのは正当とは認められない、と聞かされてきた。しかし、全ての政治的党派のエコノミストのなかには、こういった考えに異を唱える人々もいる。効率的な公共交通機関のインフラストラクチャーは、何十年も、来る世紀にも、社会に役立つものである。そのためのコストは、都市、その労働力、及びそこに住む家庭への長期的な便益を考慮して計算されなければならない。良い公共交通は、ロンドンにより高い競争力を持たせ、よりエネルギー効率の高い都市にし、ロンドン市民はより動きやすくなり、より健康的になるだろう。そしてまた、私たちのこの都市を、もっと近隣との人づき合いのある、美しいものにすることができるであろう。

都市というものは、第一の、そして主要な、人間の出会いの場所である。しかし依然として、ロンドンの市民の共通領域の大きな割合は、街路や広場も含め、自動車やバイクなどによって占拠されている。それらの場所は交通需要に対応するようデザインされ、看板やサイン等によって視覚的に台無しに

なっている。パーラメント広場、ピカデリー・サーカス、あるいはハイド・パーク・コーナーやマーブル・アーチなどの広い空間は全て自動車に覆い尽くされている。周辺部の核となっているハマースミスやシェファーズ・ブッシュ、ブリクストン、ダルストン、あるいはエレファント・アンド・キャッスルなどはさらにひどい状況である。

しかし今、ストックホルムやコペンハーゲンからアテネやローマに至るまでヨーロッパ中の市民が、公共空間を市民の手に取り戻し自分たちの共同体のために使うことに成功しつつある事実に、ロンドン市民も目を覚ましつつある。豊かで素晴らしい発想をもった市長たちは、市の中心部を歩行者専用にして、人々のための場所にするようにデザインし直した。私たちも、ロンドンの市民の共通領域をデザインし直す、革命的な一歩を踏み出さねばならない。

政府の投資の重点を民間から公共交通に移すことによって、ロンドン市民は幹線道路を公共の空間へと転換する機会を与えられるだろう。シティ・オブ・ロンドンの周りの自動車ナンバー自動読みとりシステム（ring of plastic）の経験は特に心強いものがある。テロリズム対策の緊急手段として、シティ・オブ・ロンドン当局（London Corporation）は、かつて厳しい交通規制を布いた。そして、それによって市の中心部の商業上の活動性は自動車によるアクセスに依存していないことが証明されたのであった。さらに、これによって空気の質は改善され、道路の事故や犯罪は減少したのである。実際、シティに働きに来る人々に評判がよかったため、いまやこの規制は延長され恒常的なものとなった。これこそ、交通省の中央からのコントロールから離れて、市民の共通領域を積極的な取組みでコントロールする素晴らしいリーダーシップが存在することを示したはじめての重要な先例である。このような交通規制がもしロンドンの他の重要な場所で施行されたらどうなるか、想像してみよう。

1986年、「ありうべきロンドン」展にて、私たちはトラファルガー広場とエンバンクメント地区、それにハンガーフォード橋付近のテムズ川を挟んだ南北

人々のための街路
▲「街路を取り戻せ」という反自動車デモは、歩行者にとって好ましい街路となるように、街路の使い方のバランスを再びとりなおすことについて、注意をひくことに主眼をおいている。
Adrian Fisk
▶「危険な大衆」
毎月最後の金曜日には1000人を超える自転車利用者が、最も交通量が多くなる時間帯に、ロンドン中央部の街路に繰り出し、交通を停止状態にする。こういった方法をとることによって、自転車利用者たちは公共交通機関での移動や、自転車通勤を促すことになることを望んでいる。
Adrian Fisk

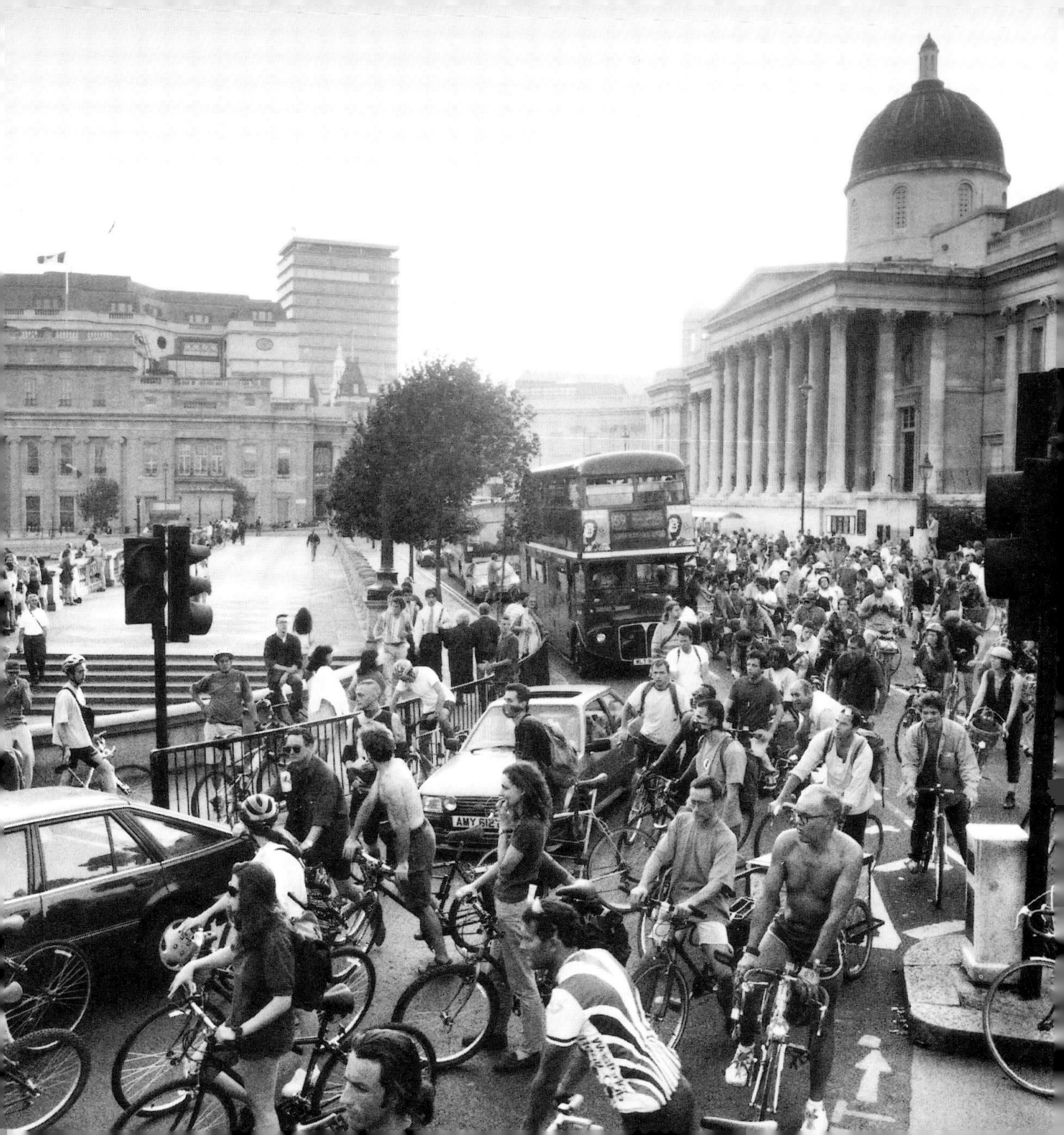

地区を結びつける計画を展示した。そこでは、どうすればこのロンドンの中心部で公共の領域の質が高まり、歩行者のための領域が連続して一体的に形成されるように編み合わせられるかが、具体的に示されていた。この計画の中核は、歩行者が十分にテムズ川を楽しめるように、議事堂からブラックフライアーズまで延びる新たな川沿いの公園をつくり、エンバンクメントでの交通ルートを再構築するという提案にあった。これによって、ロンドンの中でも最も素晴らしい川べりと既存のよく整えられ味わい深い庭園や公園は整備一体化され、長さ2キロメートルの眺望の開けた線形の公園が生みだされる。それは、19世紀以降に整備されるものでははじめての大規模公園である。公園は川面の上にまで迫り出す。停泊している船、舟橋、板敷きの遊歩道は、ロンドンの様々なモニュメントや風景を繋ぎ、市民の共通領域を川の上にも拡張しながら、新たな景色を作りだす。このプロジェクトはいまだに図面上での構想にとどまっており、実現への具体的な動きは生まれていない。

現在のトラファルガー広場は単なる道路のロータリー（roundabout）の真ん中というよりは多少ましな価値しかない。観光客は現状にがっかりし、ロンドン市民は無視を決め込んでいる。しかし、ナショナルギャラリーから分断されている広場を取り巻く道路を歩行者専用とすることで、この広場の市民にとっての重要性を取り戻せるはずである。これは、（トラファルガー広場に南から流れ込む）ホワイトホール通りの広場への入り口で交通の流れを変えることで、明日にでもできてしまう。こうなれば、元の道路部分にはテラスが設けられ、そこに公共の彫刻が置かれる。そして広場はロンドンの他の部分に対して開放されるのだ。トラファルガー広場には、カフェや、既存のテラスの下に設けられるアーケードの様々な店などが並ぶことになる。その結果、ここはロンドン市民が賑やかに集い、ホワイトホール（ロンドンの官庁街）や国会議事堂の大小の塔やドームの見渡せる素晴らしい景色の楽しめる場所となる。私たちの当初の提案は10年経って、ついにジョン・ガマー環境大臣によって採用されることとなった。彼は、歩行者専用道路のプログラムを計画する観点から、トラファルガー広場からパーラメント広場までの区域についての研究を委託したのである。

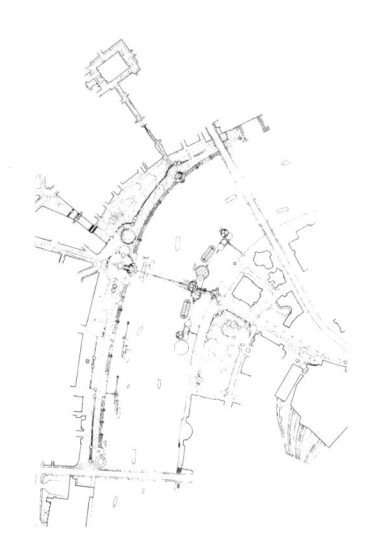

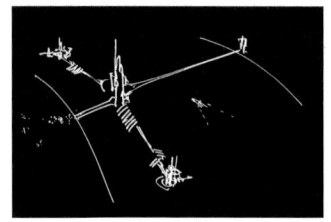

ありうべきロンドン、1986年
Richard Rogers Partnership
▲ 提案された、車が入ってこない歩行者の領域を示した平面図
▲ 提案された、ハンガーフォード鉄道橋の架け替えイメージスケッチ
▶ ロンドン中央部の航空写真。ロンドンの中心であるウエスト・エンドの反対側に位置するサウス・バンクの戦略的な位置づけを端的に示している。テムズ川に沿った軸とそれをまたぐ方向の軸にあたる地域が分析され、新たな歩行者専用のルートや空間によって公的な領域を拡大し、テムズ川を横断する新たな結びつきを創りだす計画がなされた。
Aerofilms

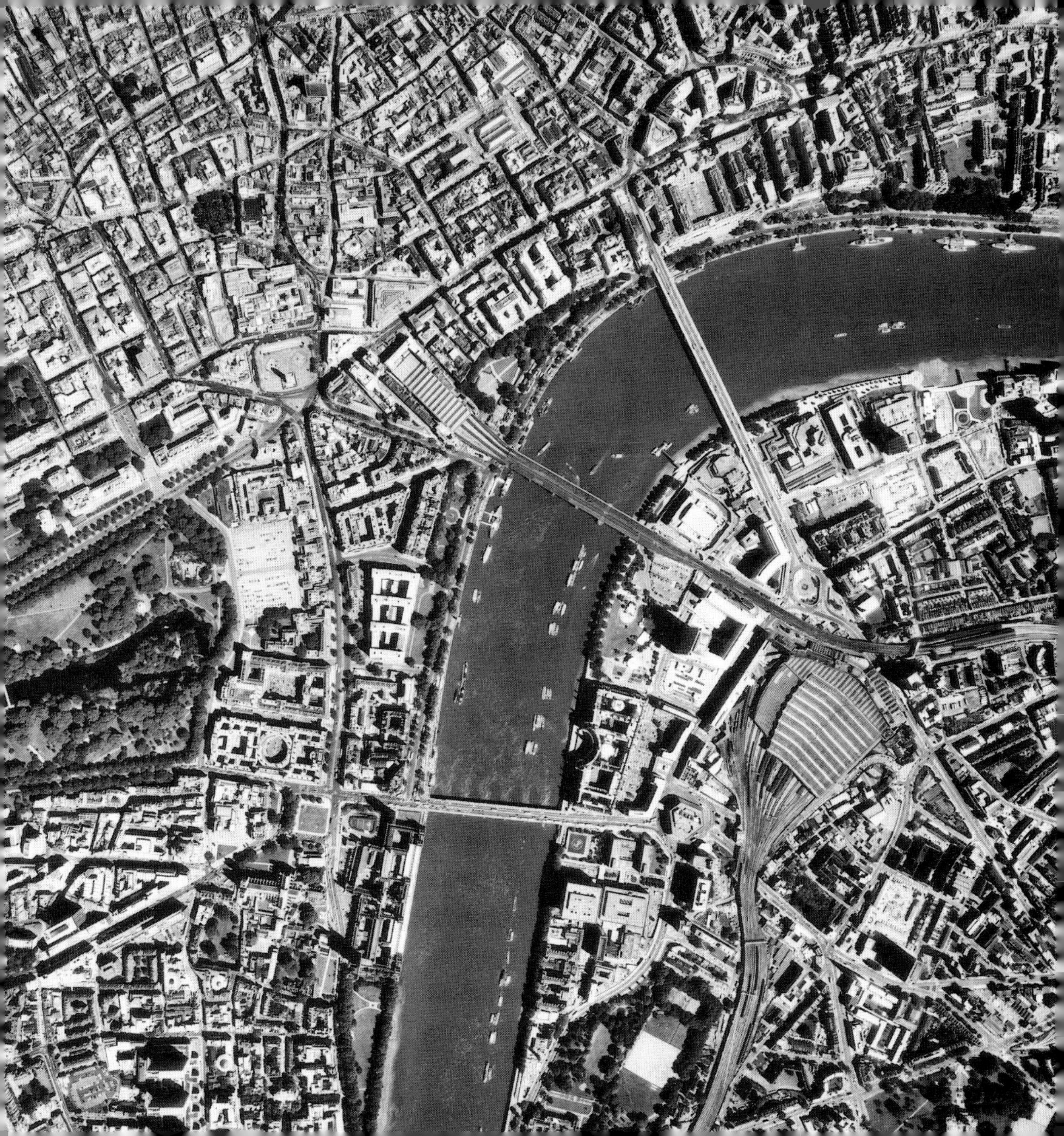

ありうべきロンドン、1986年
Richard Rogers Partnership

▲ サマセット・ハウス正面のエンバンクメント・ロードを歩行者専用化する提案のスケッチ
◀ エンバンクメント・ロードを歩行者専用化することは、既存の庭園を繋ぎ、ウェストミンスターからブラックフライアーズ橋に至る1マイルに及ぶ線形の一体的公園とする機会を生み出す。
Eamonn O' Mahony

▶ 提案されたハンガーフォード鉄道橋の架け替えは、テムズ川のノース・バンク（北側河岸）とサウス・バンク（南側河岸）の分断をなくすことを意図してデザインされている。1スパンの歩行者用橋の下には吊り下げ式のシャトル交通が搭載されていて、この提案のなかにある北エンバンクメントの線形公園と、サウス・バンクス・センターの心臓部とを結び、川上に浮かんだレストランや諸施設によって、川に人々をひきつけている。
Richard Davies

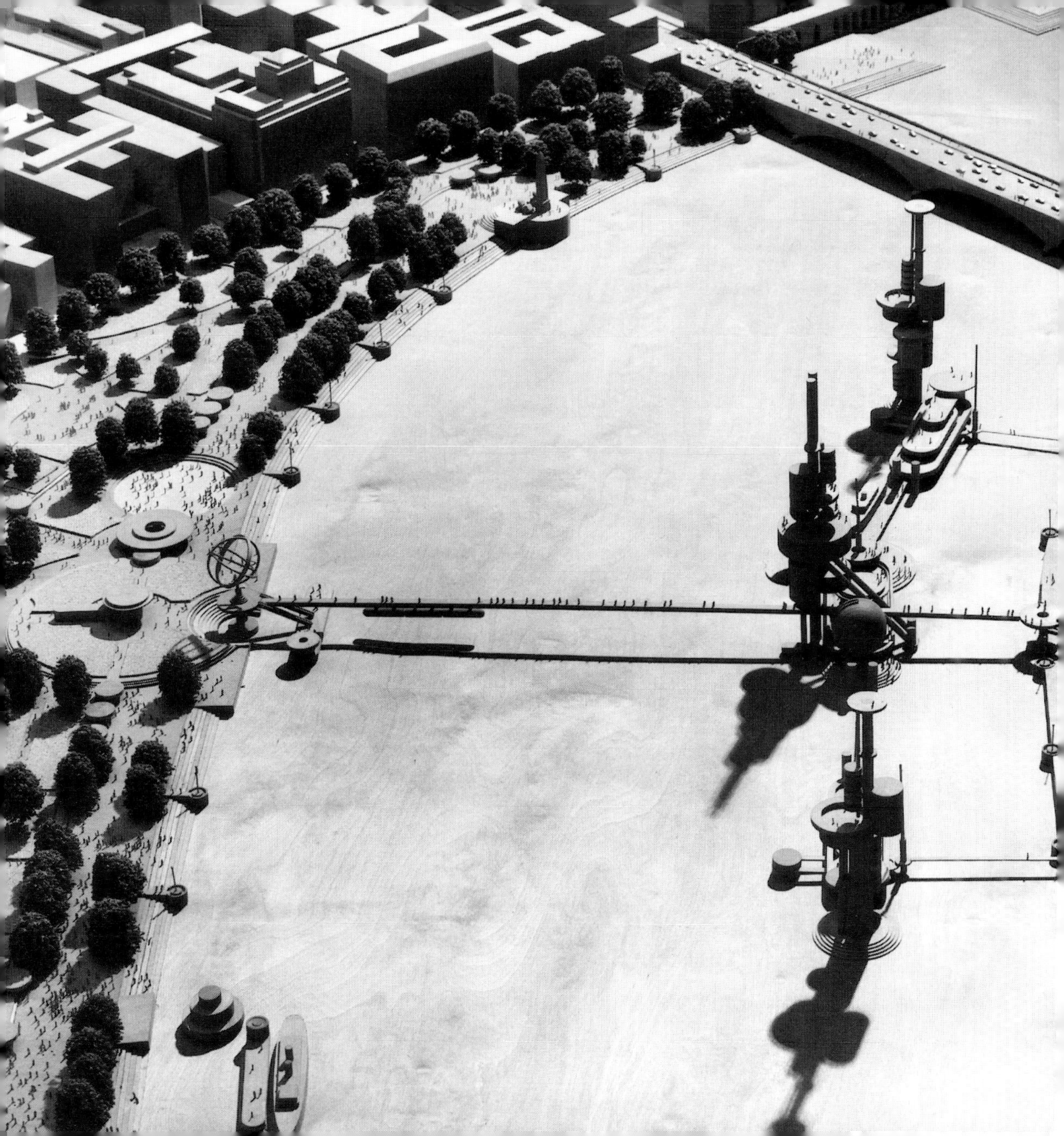

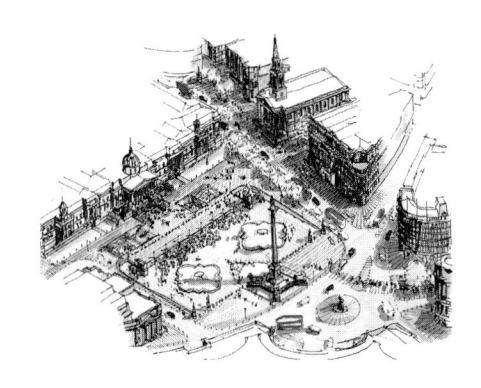

ありうべきロンドン、1986年
Richard Rogers Partnership
人々の出会いの場所

◀ トラファルガー広場の歩行者専用化にともなって、交通路の南側方向への付け替えを示した眺望図。

▼ 提案された、歩行者に取り戻されたナショナルギャラリー正面テラスの眺望。ロンドンのための新たな野外彫刻スペース。

私たちは、取組み方については過激であるべきであり、伝統に挑み続けるべきである。ザ・モールのアーケード全体は──それは現代アート協会（Institute of Contemporary Art）を他の建物群との間の一角に納めており、しかも目下のところそれは優雅に舗装された領域とは気配が伝わるようにはつながれていないのであるが──セント・ジェームズ・パークに向けて開放すべきなのだ。そうすれば、トラファルガー広場からバッキンガム宮殿までの美しく活気に溢れた歩行者道を作ることができる。サウス・ケンジントンのアルバートポリスは世界中で最も大きな美術館と大学の集合地区となっている。王立芸術院や王立音楽院に自然史博物館、ビクトリア・アルバート美術館と科学博物館などが集まっている。それは先見の明のあったアルバート公の遺産が受け継がれてきたものであるが、公共的な領域を欠いている。それゆえ、わくわくするような文化地区へと発展する可能性がありながら実際はそうなることができなかった。現在の無秩序さから、首尾一貫した公共の空間を生み出すためには、最もひどい建物群を取り壊すことも正当化できる。アルバート・ホールとアルバート・メモリアルとの間に道路の下をくぐり抜けて通る道（underpass）を設ければ、アルバートポリスをケンジントン・ガーデンへと繋げることができ、アルバート・ホールの催しに訪れた何千もの人々にさりげなく集いの場を与えることができる。この繋がりはまた、公園から、この敷地を埋める博物館やコンサートホールへと人々を導くであろう。エキシビション・ロードを歩行者専用にすれば、この効果をハイド・パークまで拡張することができ、そこから博物館群の中心へ、さらにサウス・ケンジントンまで結びつけることができる。この方法によって、現在は公共の場としては惨めな使われ方しかしていないこれらの領域が、昼夜を問わぬ文化の街に生まれ変わることができる。

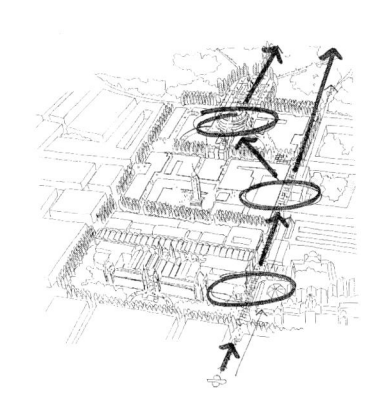

これらの例は、ロンドンのなかの国を代表するような中心地を対象とするものであるが、シェファーズ・ブッシュやブリクストン、エレファント・アンド・キャッスルなどの地域の中心となるような場所にも同じ方法を採ることができる。経路の変更や、道路を地下化または歩行者専用とすることで、ロンドンにある、使われていない多くの公共空間を開放し自由に活用することができる。ロンドン市街地図を見れば、壮大な公共空間や、公園の大いなる遺産を見

アルバートポリス
Richard Rogers Partnership
▲ ロイヤル・アルバート・ホールから自然史博物館にかけてのびるエキシビション・ロードを歩行者専用にする提案。これによって、ケンジントンと、美術館・博物館の敷地と、ハイド・パークを結ぶ樹状の大通りが形成される。

駐車か遊びか

◀ 駐車によって埋められている街路の典型例、レインビル・ストリート、ロンドン
Emma England

▼ 1日だけ緑でカバーされた街路、リーズ
Ross-Parry Agency

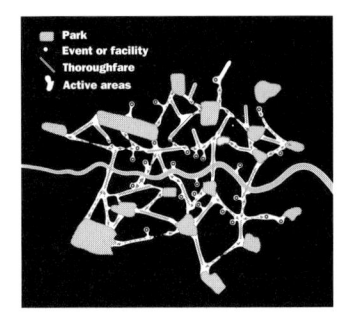

つけることができる。このような計画されて作られたものとともに、インフォーマルで計画されたものではないが、同じくらい人々に馴染みのある場所となっているものもある。現在それらの空間は、他から離れ、別々に孤立している。より交通量の少ないルートに沿って歩行者道や自転車専用道路を設けて、それらを一体的に繋いでいかなければならない。繋げるものがない場所では、私たちは、運河岸の引き船路を使ったり、広場を設けたり、廃線となった線路を緑化したり、あるいは、単純に交通量を抑えて道路を歩行者専用にして、これを使うことができる。例えば、新たな歩行者橋をテムズ川に架けつつ、リッチモンド・パークからグリニッジへ、ハイゲートからクラパム・コモンへ繋がる連続的な自転車専用道路を作ることはそんなに難しいことではない。新たな千年紀を記念して、何百万本もの樹木を植樹し、ロンドンを横断するように歩行者や自転車の行き交う'緑のルート'を作ることも可能である。木々はこの都市を美しくするだけでなく、騒音を減らし、二酸化炭素を吸収する。これらの場所は全て人々のためのスペースとして蘇り、まさにそれはロンドンのコミュニティにとっては屋外のリビングルームである。こういったことは、大雑把なボザール風の総合基本計画ではなく、地域地域での計画が連なっていくことによって達成されることになる。

ロンドンの衛星写真をどれでもいいからよく見てみよう。テムズ川が最も枢要なものとして写っている。歴史的に見れば、ロンドンの存在理由はまさにそこにあったのだ。この川は、かつてはロンドンの中心に物を運び込む商業の主要幹線として栄えていたが、いまや見捨てられ、その存在は都市にとって重要なものとはなっていない。英国の重要な政治、宗教、商業、文化組織や施設の多くを育んできたテムズ川は、いまはただ、繁栄している北岸と貧窮している南岸を区分けする要素にしかなっていない。しかし、ロンドンの19の自治区がそこを境としている美しい水路は、首都の精神に再び生気を与えるための鍵を握っている。もし、私たちが川の使用や川に対する認識を再定義すれば、この川は再びコミュニティを繋ぎ合わせることができるだろう。

テムズ川は、首都を二分する河川としてはその幅が最大級のもので、その幅の大きさゆえにこそ、分断をより大きなものにする。もしこの分離の感覚をな

ただ繋ぐだけで
▲ 既存のセンター間の、歩行者や自転車利用者のためのリンクを少しずつ繋いでいくことによって、徒歩や自転車利用を促す、首尾一貫した公共の領域が生まれていく。
Richard Rogers Partnership

くそうとするのであれば、ロンドンはさらに多くの橋梁を必要とする。例えば、パリの中心部には、ロンドンの3倍の橋があるのだ。しかも、単スパンの歩行者と自転車専用のブリッジはきちんとデザインされたものであっても、たった700万ポンドでつくることができる。シティ・オブ・ロンドン当局は、セント・ポールとバンクサイド（南岸）を繋ぐ歩行者専用橋を計画している。そこでは歩行者が主役であり、かつてロンドンにあった住居橋のような人々の集まる橋とすることができるであろう。

各自治区の中心部とテムズ川を結ぶためには、あらゆるタイプの歩行者専用ルートと公共交通機関ルートが必要である。新しいトラムによってウォータールー駅からテムズ川を渡り新大英図書館へと結ぶラインの計画が提案されている。建築家のマイケル・ホプキンスと（その妻）パティはコベント・ガーデンから発して、前述の川沿いに線状に延びる公園を通り抜け、サウス・バンクに至るケーブルカーのルートを提案している。同じく建築家のウィル・オルソップはブラックフライアーズに、テムズ川を跨ぐ現代アートの施設を提案している。私の事務所ではトラファルガー広場からウォータールー駅までを繋ぐルートを提案している。それは、歩行者専用にされたトラファルガー広場と、半ば歩行者に開放するノーサンバーランド・アベニューとを結ぶもので、レストランやカフェの立ち並ぶ橋がテムズの上に架かる。この橋は、テムズの上に拡張された広場として機能する。そこでは、ウェストミンスターの議事堂や官庁街の最も劇的な眺めが楽しめ、このあたりのテムズ南岸地区を孤立から防ぐことができる。

ウェストミンスター橋からタワー・ブリッジにかけては、まだ誰も手をつけていない、最もまばゆいばかりの場所である。その川岸には、いくつかの有名な建物や、文化的に最も重要な施設・組織が並んでいる。例えばそれは、国会議事堂からロンドン塔、あるいは、タワー・ブリッジからロイヤル・フェスティバル・ホール、サザーク大聖堂からウェストミンスター寺院などである。それは、コベント・ガーデン、セント・ポール、ストランド、古いビクトリア駅、そしてニコラス・グリムショウの設計した素晴らしいウォータールーの新しいユーロスターの駅舎から、それぞれ500メートルも離れていない。しかしながら、これ

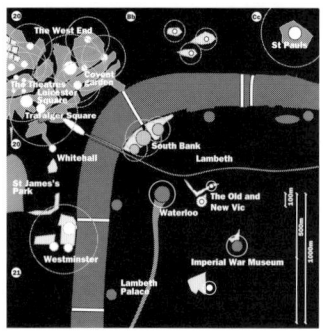

公共の領域の拡張
▲ タワーブリッジからウェストエンド方向へのテムズ川の眺望。
Aerofilm

▲ 現状：ウェストミンスター橋からタワー・ブリッジにかけてのテムズ川地域における公共的な活動が盛んに行われている区域。

▶ 将来像：宝くじ基金による新たな文化プロジェクトは、ヨーロッパにおける最も新しい文化的地区の一つとなる開発事業の先鞭をつける。灰色の区域は公共的な活動の強さをあらわす。サウス・バンクの再開発は、ロンドンで最も貧しい自治区（borough）のうちの二つを再活性化させるであろう。
Richard Rogers Partnership

Bb **Cc**

The West End

Covent garden

The theatres

Leicester Square

Trafalger Square

St Pauls

Bankside Gallery

Glob

South Bank Centre

The OXO building

The National Theatre

Whitehall

Lambeth

St James's Park

The Ferris Wheel

Waterloo

The Old and New Vic

100m

500m

Westminster

Lambeth

Elephant and Castle centre

1000m

Imperial War Museum

Lambeth Palace

To Battersea

らの場所が川と一緒に連想されることは滅多にない。まさに一国家の首都の中心にあるこのあたりのテムズ川は、未だにもったいないほどに使われずに残っている。川べりの道路があまり通っていないことと、そして再開発として利用できそうな土地のあることが、サウス・バンク地区を、周辺区域の再活性化の可能性をもたらす活気ある文化地区へと変貌させる理想的な地区にしている。この地区の多くはすでに急進的な変貌を遂げ始めている。新たなシェークスピア・センター、バンクサイドのテート現代アート美術館、広範囲にわたるサザークでのプロジェクト、コイン・ストリートのコミュニティ開発、ミレニアム記念の大観覧車、そしてカウンティホール（旧ロンドン市庁舎）に建つ水族館などが、変貌を担っている。

サウス・バンク地区の中心、ちょうどテムズ川が折れ曲がったところに、複数のコンサートホール、美術館、それに映画館を含むヨーロッパで最大の文化センターがある。1995年、私たちの事務所は、この場所に再び活気を取り戻し、センターの利用を大幅に増やすとともに多様な活動ができるようにする計画を委託された。これは、現状の2倍以上の数の人々が訪れることを目的としている。この計画は三つの明快な方針からなる。一つは、既存の建物や公共空間を覆う波状のガラスでできた透明な皮膜をつくること。二つ目に、現在サービスヤードに使っている地上レベルを全て人々に開放すること。そして、三つ目に、新たなイベントと施設を創出すること、である。これら三つの要素を全て実現すれば、この場所を300万人が来訪が期待できる、24時間活気のある文化地区にすることができるだろう。ガラスの皮膜はその下にある外部の公共スペースの温度を上昇させる。例えば、気温が3℃上がれば、ボルドーあたりの気候と似たものになる。この屋外に延びる覆いによって、さらに一年中を通して利用できる川べりとすることができるのだ。

テムズ川はもう一度、首都の中心になり、そして分断ではなく人々が触れあい、コミュニケーションする場所にならなければならない。ひとたびこの川沿いに活動の中心が設定され、賑わいを見せれば、一つの川沿いの結節点（ノード）から別の結節点への移動需要が連鎖反応的に生まれていくであろう。リバーバス交通は在来の交通システムに比べればわずかな費用でつくる

サウス・バンク再開発
Richard Rogers Partnership
▲ ヘイワード・ギャラリー、パーセル・ルーム及びクイーン・エリザベス・ホールにわたってかけられたガラス屋根のプロポーザル案のコンピューターによるレンダリング図面。これは、カフェ、レストラン、本屋及びギャラリーを含む、屋根のかかった出会いの場所を生み出す。サウス・バンク・センターの上の屋根は地域の気候を改善するもので、使用できる区域が広がり、一年を通じて人々が活動できる場所が生まれる。そして訪れる人の数は3倍に増える。
▶ 概念スケッチ 1994年

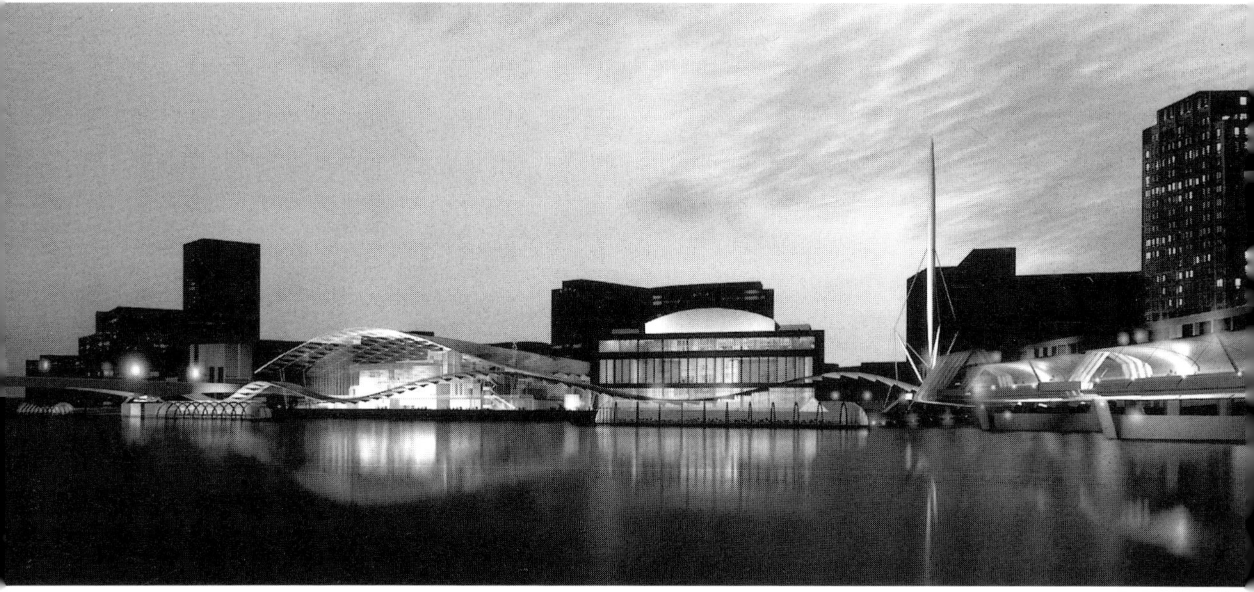

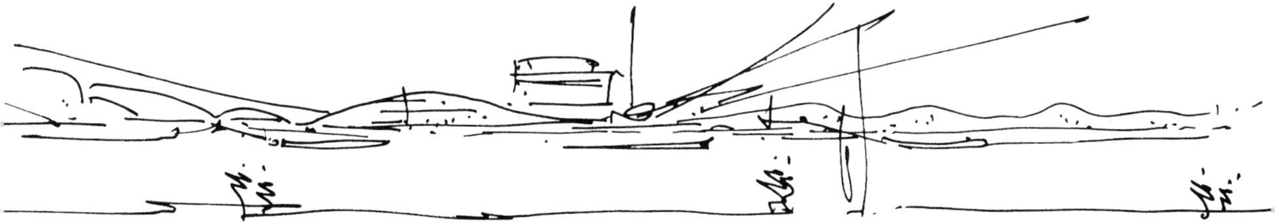

テムズミレニアムマップ

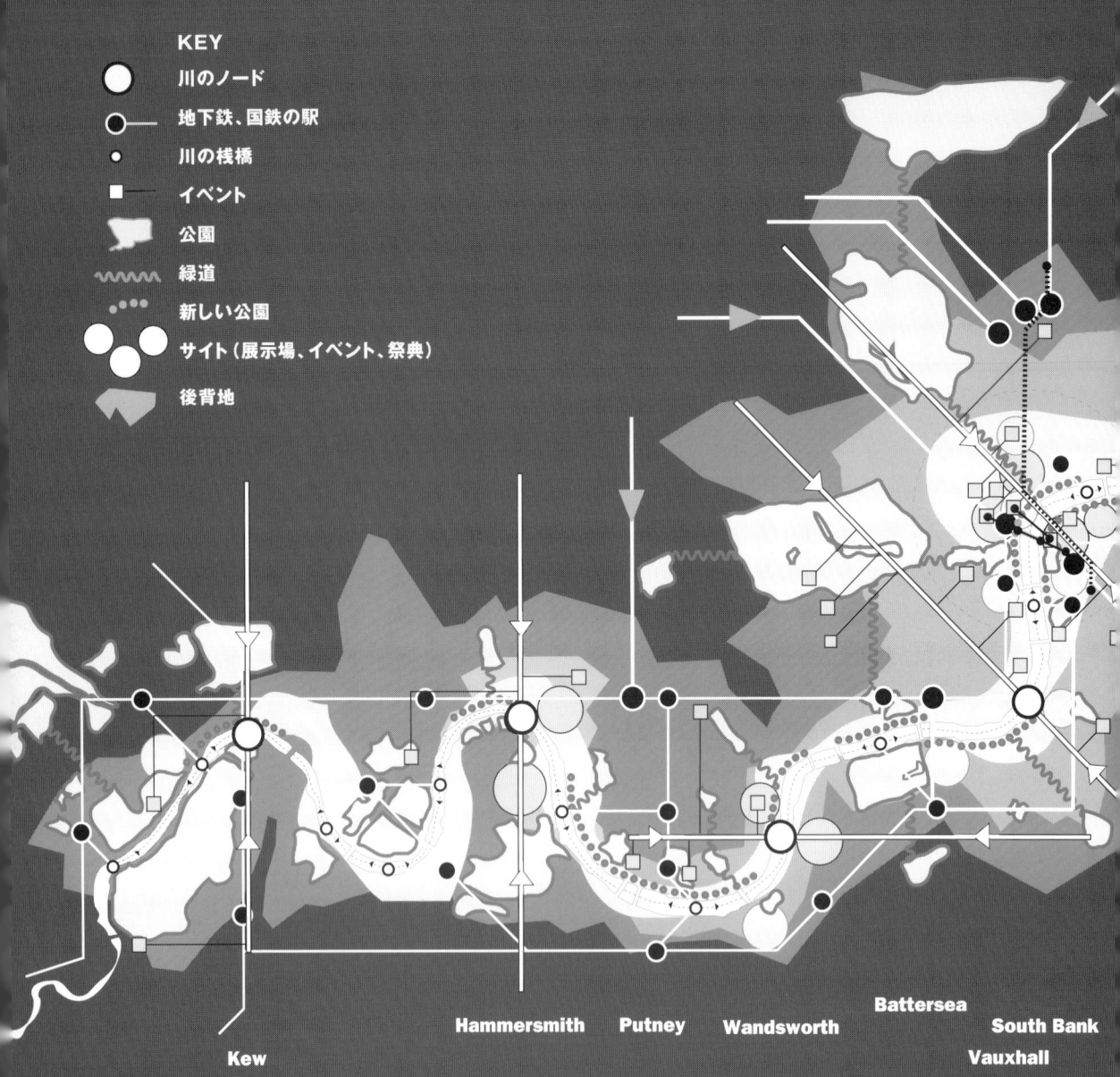

KEY

- 川のノード
- 地下鉄、国鉄の駅
- 川の桟橋
- イベント
- 公園
- 緑道
- 新しい公園
- サイト（展示場、イベント、祭典）
- 後背地

Kew　Hammersmith　Putney　Wandsworth　Battersea　South Bank　Vauxhall

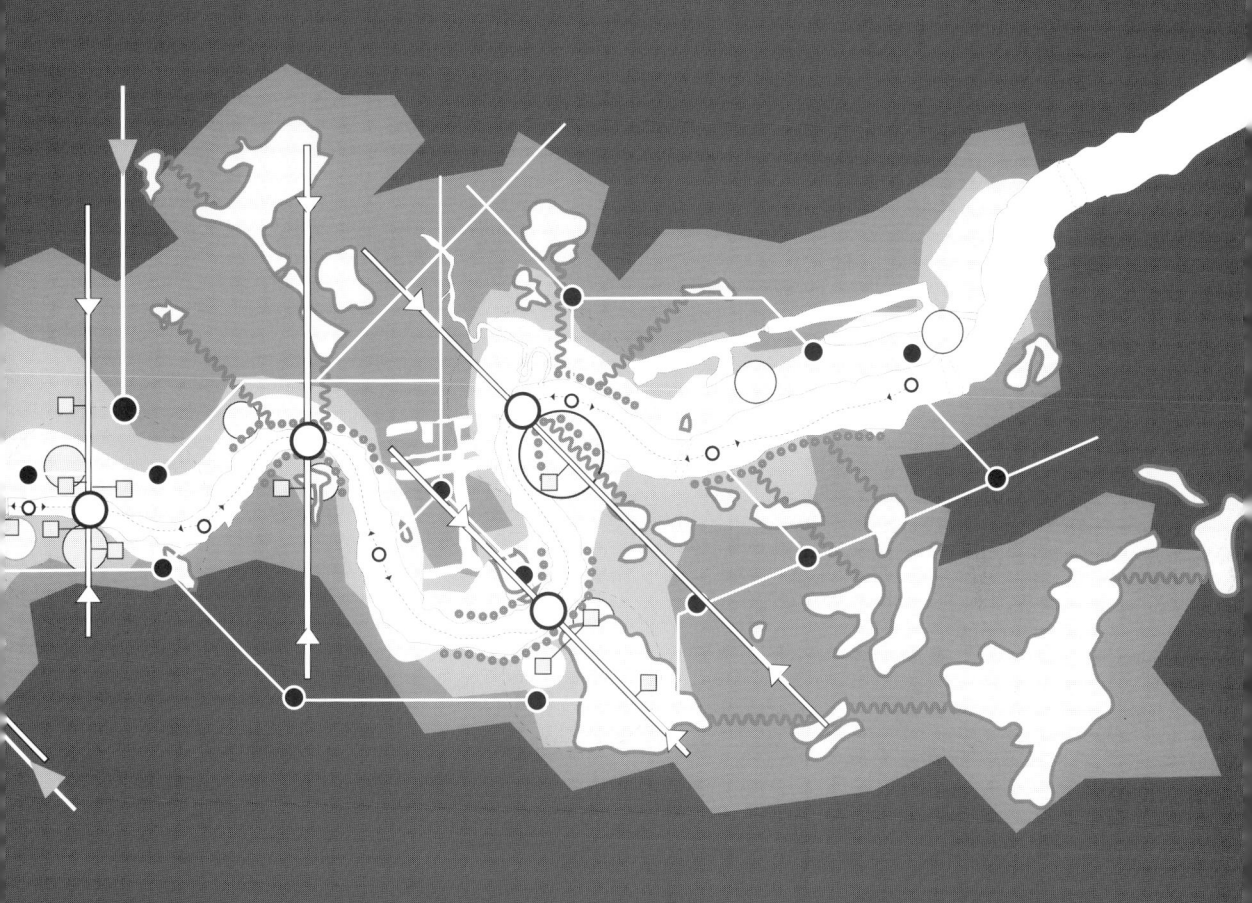

Tower Bridge　　　　　　　**Greenwich**　　　**Woolwich**

ことができる。停留桟橋は、キューからグリニッジまでひと繋がりのネットワークを形成するように、テムズを区境としている19の自治区それぞれにつくられるべきである。それらの桟橋は、上質の建築とすべきである。その桟橋の建築は、リバーバスのシステムをロンドンの交通網全般に組み入れ、その区域の経済活動や社会活動を活性化する、商業的な中核の役割を果たす。橋とリバーバスの桟橋は一体となって、それに面する自治区の生活の中心として経済的・社会的に人をひきつけるものとなりうる。それは、まだたくさんある川の周囲の放置され荒廃した敷地を新たに開発することを刺激するに足るだけの影響力をもつもので、川の周囲にコンパクトな都市的な中心地の連なりを連綿と創り出していく。

以上に述べたプロジェクトはどれも私たちがいまもっている手段でなしうることで、その全ては後々というよりも近々に実現化に向かって動きだしうるものである。というのは、新たな千年紀への取組みがロンドンに千載一遇の機会を与えているからである。私たちは、この数世代にわたる間で初めて、テムズをロンドン市民の生活の中にもう一度取り入れるために、十分に世に影響を与えられるほどのまとまった数の建築プロジェクト、祭典、展示、及び祝賀の催しを行う機会をもっているのである。三番目の千年紀が子午線が通るグリニッジで空間的にも時間的にも始まることを示す、国が主催するミレニアム博覧会施設が宝くじ基金の交付をうけて作られる。またこの基金の選定によって、首都中の様々なところで行われる建築プロジェクトも立ち上げられる。ここで挑戦されることは、これらのプロジェクトを新たなロンドンのビジョン作りに貢献させることであり、また、個別のものをただ寄せ集めるのではなく全体像を構築していくことである。その莫大な文化的、政治的、社会的資源を用いて、ロンドンは、訪れるに足る都市となって、2000年を迎えることになるだろう。グリニッジ及び首都全域で、追随を許さないほど高い質と多様性をもった新たな千年紀の祝賀祭が一年間催されるべきである。1992年のセビリア万博では、8カ月で4600万もの人が訪れたのであるから、ロンドンの新千年紀祝賀祭にはこれよりも多くの人の到来も期待できうる。もし、私たちがこの考えを喜んで受け入れるのなら、この期間に訪れる人々のために、公共交通や歩行者のルートを改善する必要がある。宝くじ基金は、この都

▲ 前頁
ミレニアムマップ、1996年
Richard Rogers Partnership
テムズ川を要としてロンドンがあることに再び焦点をあてることは河岸の19の自治区（borough）を再活性化させることになるであろう。
平面図は、小さなプロジェクトの集積と、歩行者専用化率先計画をあらわしており、テムズ川を要にロンドンがあることに再び焦点が当てられている。リバーバスの桟橋は、川岸の高密度に開発されたノード（結節点）の中核から全域に伸びる公共交通に連結している。これらを起点にした両岸及び後背地への接続は、徐々に川に向かって都市の顔を向かせることになる。
河川交通は、大きな公共空間や宗教的・文化的組織やグリニッジのミレニアム博覧会サイトなどロンドン全域で開かれる千年紀祭のための主要交通機関になりうるかもしれない。こういった取組みは、ロンドンっ子たちの生活をテムズ川へと再びいざなうに足るだけの量及び影響力をもった小規模プロジェクトを生み出すであろう。

市の改造に矛先を向けて、戦略的に使われなければならない。テムズは催し物の間を結んで訪問者を輸送する完璧な交通幹線となる。ネックレスの紐を通すように、川に沿った活動を結び、さらに先にある公共空間へと運んでいく。ミレニアム博覧会はネックレスの留め金の役割を果たす。

リバーバスによって、ロンドンの最も遠いところに位置する自治区にもフェスティバルが身近なものとなる。テムズのために特別にデザインされ、数カ国語でイベント情報を提供できる最新のテクノロジーを搭載したリバーバスそのものも一つのイベントとなるだろう。フェスティバルに行くには、単に最も近い桟橋に行き、行き先を選ぶだけでよいのだ。催しや会場へもっと行きやすくすれば、団体ツアーに頼らずとも観光客は自由に周遊することができる。観光旅行は英国人にとっても外国人にとっても違うものになるだろうし、ロンドンへの訪問がずっと触れ合いの多い、個人的な経験の得られるものになるだろう。千年紀祭にこのように取り組むことで、リバーバスのサービスを機能させ、川の周囲を公園や遊歩道、桟橋、水上レストラン、そして広々とした散歩道で活気づかせることができ、さらには、これらをフェスティバルの後も使っていけるようにすることができる。テムズ川が市民の手に戻ってくることと、ロンドンの公共空間が繋がれていくことこそが、この都市が千年紀祭を通して物理的な形として残していくことなのだ。それは、私たちの国のモニュメントや場所、あるいは過去と未来を、強固に繋ぎあわせて栄えていく市民の共通領域である。

ロンドンは、文化的で、バランスのとれた、そしてサステナブルな都市になる機会をもっている。その十分な潜在可能性が生かされるかどうかは、ロンドン市民が自ら選任した戦略的組織に、それを強く要求するかどうかにかかっている。

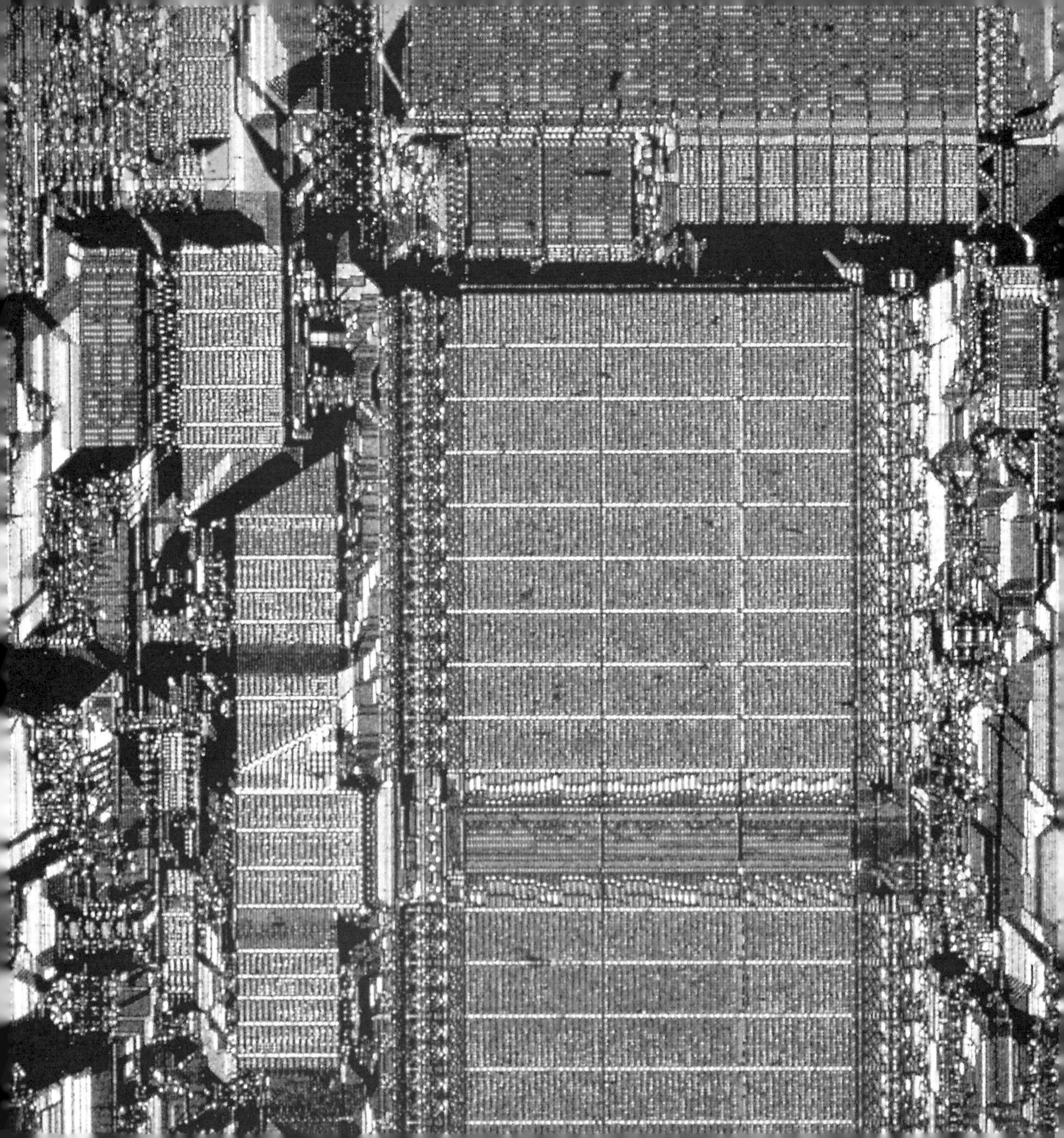

5　都市　この小さな惑星の

原子は過去のものとなりつつある。来るべき世紀の科学の象徴となるのはダイナミックなネットである。ネットは、全ての回路、全ての知性、全ての相互依存性、全ての経済的・社会的・生態的な事象、全てのコミュニケーション、全ての民主主義、全ての人間集団、全ての大システムを明示的に象徴する原型である。

ケヴィン・ケリー
「アウト・オブ・コントロール
（邦題 複雑系を超えて）」より

5

地球の危機に関する知識が広く普及するのにともなって、私たちの環境が壊れやすい有限の資産であるという認識が世界規模で拡がってきた。新しい技術知識が農耕村落を工業社会に変貌させたように、情報技術（IT）が、環境にかかわる新しい知見とともに、地球規模の社会を生み出そうとしている。それは、その営みがもたらす環境や社会への影響についてとりわけ思慮を払わなければならないということを共通に認識している社会である。

マイクロエレクトロニクスや情報ネットワークはこの変革の根幹となるものであり、地球規模の視点を導き出し、新しくかつより強力な技術の創出を促してきただけではない。コミュニケーション技術は、経済や、私たちの学習方法、労働方法、環境を改変する能力や、そして私たちの日常の務めや楽しみすらも変貌させようとしている。コミュニケーション技術はまさに私たちの生活を根本から変えようとしており、人間の心にとってなくてはならない新たな伝達装置となっている。

こういった新しい技術は、私たち人間にとって最も重要で最も根源的な資源である、創造的なイマジネーションや、知的能力をより広く活用することを可能にする。この資源は、使用量を濫用ともいえるぐらいに増やしても、枯渇することはなく、またすり減ることもない。それは、人間にとっても、環境にとっても優しいものである。工業的な富が、石炭や鉄鉱石といったモノに依存していたのに対して、脱工業化社会が依存するであろうサステナブルな富とは知力である。

私たちにとって、豊かさの根源となるものは基本的には二つしかないことは、議論の余地がない真実である。その一つは、私たちが地球から得るものであり、もう一つは、私たちが自らの創造的なイマジネーションから得るものである。私たちが、前者よりも後者を重視して事をなそうとしない限り、世界の人口が増加しているという状況において、私たちが、それなりに文明的で、広い意味で同じ生活水準を維持していくなどということは、考えることすらできない。（デイビッド・パットナム）

▲ 前頁
サイバー都市
退化することとは縁遠く、サイバー都市は、コンピューター化された情報の莫大なネットワークが集中する中核である。シリコンチップ。
Erich Hartmann, Magnum

こういった状況において、技術の役割は最も重要である。マイクロエレクトロニクスは、人々や、その知識や知力を結びつけていくための私たちの能力を飛躍的に変化させている。カクストンによる印刷の発明や電報の発明が引き起こした革命的変化に匹敵するような社会的な変化の時代を私たちは過ごしているといってもよい。思考という行為のネットワーク化によって、個人の知力が持つ潜在的可能性は無限といってよいほどに拡がったのである。

しかしながら、ネットワークという考え方は、マクロな規模での利点も生み出している。その考え方は、私たちがもつ排他的で線形的な計画・評価モデルを、参加型で多元的な計画・評価モデルにおきかえていくという可能性を秘めている。ネットは、同時に事をなすことを可能にする構造を提供する。ネットは弾力性があり、制約のない発展性があり、高度な対応性をもっている。システムとして見た場合、ネットは究極の包括性をもち、ケヴィン・ケリーが描くように、大きな失敗に結びつかないように小さな失敗を封じこめていく機能をもっている。ネットは自律性を生み出し、複雑性を包み込む。

私は、この技術的な発明が、私たちがもつ潜在的な破滅可能性を緩和する中心的な役割を果すことを望む。それは、無限かつサステナブルな豊かさを創造していく可能性を提供する手段である。私たちは、人々と、知識と、環境の新たな相互作用が始まらんとする入り口に立っている。グローバルな都市というものは、新たな空間的秩序や経済的秩序のまさに中核であり、この知識の網の中心に位置する原動力である。

こういった技術の時代において、問題と機会というのは表裏一体である。体力を要する単調な労働がロボティクスやエレクトロニクスにとって代わられていることは、そのポジティブな面である。労働環境は急速に変化してきており、100年前に週80時間の労働によってようやくなしえたことが、今日では週37時間労働によってなしとげられている。同じ期間の医学及び工学の技術革新は、人の平均寿命を倍増させて80歳までに伸ばし、それはさらに伸びようとしている。今日生まれる人々が100年以上生きることを視野にいれることは、決しておかしなことではない。

産業革命以降はじめて、扶養されている期間や、雇用されて働いている期間が、人間の活動の大部分を占める必要がなくなった。むしろ、仕事や扶養の期間は、長い人生のなかの一部分にすぎなくなっている。統計的には、労働総時間は、人生のなかで働いている期間の5分の1に満たない。そして、働いている期間そのものは人生のなかで平均的には半分を占めるにすぎない。平均すれば、引退後20年人生には残された期間があるのである。また、両親などに扶養される期間そのものも、寿命の延伸によって、人生に占める相対的な比率を低めている。このことは就業前の期間、もしくは引退後の期間が、すなわち気の向くままに好きな活動に没頭できる人生の時間の割合が、より多くなりつつあることを意味する。

しかし、こういった技術の発展は大きな機会をもたらす一方で、無視できない難問と社会コストをもたらす。それらのなかで最も留意すべき事態は失業である。ロボット化は手間のかかる労働を置換しているのみならず、労働需要そのものも減らしている。仕事のない人生というのは無目的であり、労働から得られた富をもたない消費社会は、疎外的であるといわねばならない。いくつかの労働組合や企業活動（例えばフォルクス・ワーゲンやヒューレット・パッカードなど）において、労働時間をさらに短縮する一方で、限られた就業機会を分け合おうという試みがなされている。皮肉をこめていうならば、私たちは、過重な労働の時代から過小な労働の時代に突入してしまったのである。

人の人生が、技術、技能や職業で規定される度合いは減った。宗教によって規定される度合いも減り、また所属する閉じたコミュニティによって律せられる度合いも減った。多くの国で若年層は、学校を卒業後、全人生にわたって失業しているという見通しをもつような事態に直面している。こういった、職を持たないことや、あるいはそのことへの十分な対策が施されないことがもたらす絶望感が、麻薬の濫用に走らせたり、建物を破壊したり、町を焼き払うという形で社会への反感をあらわすような行動に走らせている。これに対して、政治家は、今日の反抗の原因を考えることなく、親によるコントロールについてもっともらしげなことを言って、より強い訓戒、警戒そして最後には刑務所行きの厳しい刑の宣告でこれらに報いようとしている。だが、これは、彼

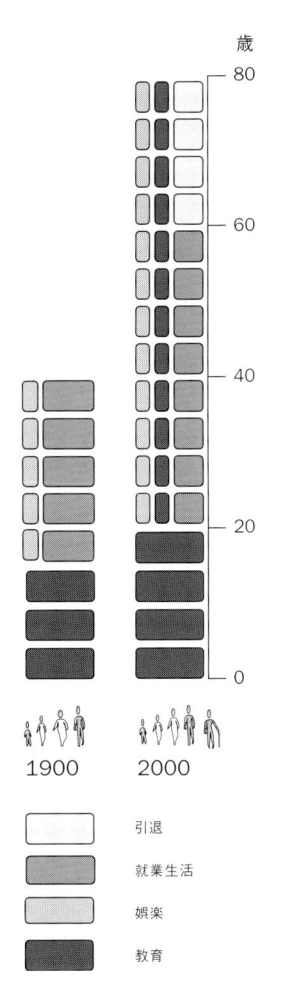

ライフパターンの変化

▲ 平均寿命が伸びるに従って、大人の生活時間のなかで、労働と養育が占める相対比率は低下する。これは、私たちが生業から離れた仕事をする重要な余地を生む。この時間は、まさに、創造的な市民性のために使われる、潜在的可能性を秘めている。

らにとっては驚きであるが、他の若者による反抗が際限なく繰り返されている。私たちは、社会の分裂、コミュニティや家庭の崩壊に直面している。不安定な社会環境が形成されつつあり、人々の生活の空虚をうめるために提供されるのはテレビだけである。

この危機を解決するには大胆な技術革新が必要である。この章で私は、都市文化の役割に関する私たちの理解を変化させることや、私たちの経済システムや政府の機構を改革することが、いかにサステナブルな未来を開きうるのかということを探求してみたい。そして、未来がどのようになるのかを思い描いてみることにする。

私たちは、エレクトロニクス上や物理的にはかつてないほどお互いに結びつけられているが、同時にかつてないほど社会的には離れ離れになっている。個人の自由は私たちの相互依存を弱め、その結果として私たちの共通の利害についての関心も弱めている。これらの影響力の均衡をとるためには、社会の土台を補強するような職業への参加を促し、かつそれに対して適切に報いることが必要になる。「労働」の概念に広範囲な文化的活動を包含するように拡張することによって、私たちは新技術の時代がもたらす「自由時間」のもつ潜在的可能性を有効に活用することができる。ここでいう文化的活動には、家庭、市民への助言グループ、市民の権利グループ、青年組織、健康管理、環境、芸術、そして生涯教育における活動が含まれる。こういった「労働」、──いわば創造的な市民性（creative citizenship）の一形態──は、市場システムが看過してきた社会のニーズに対する関心を喚起させ、かつ人間的でいきいきとした生活の質をはぐくむのである。

「創造的な市民性」とは、創造的な本質をもつ地域共同体の活動に参加することである。それは、コミュニティを活気づかせ、多くの人が無目的に生きていることの空白を埋め、地位や満足やアイデンティティを提供し、社会に不調和や疎外をもたらす原因への対処をはじめさせることができるものである。創造的な市民性はまた、より創造的で自己意欲をもった労働力の基盤も生み出すことができる。

> 社会を、市場セクター、政府セクター、市民セクターの三つの脚からなる椅子と考えてみよう。最初の脚は市場を創り、二番目の脚は公共財を創り、三番目の脚は社会財を創る。(ジェレミー・リフキン「労働の環境」)

長期的にいえば、こういった市民社会による雇用（civil employment）の社会的、環境的、経済的便益は、都市の生活のパターンを変貌させうるものである。私たちは都市の発達を、公共セクター及び民間セクターの責務の観点からだけみてきた。脱工業化社会の都市はいままさに市民セクターの参加を必要としているのである。生活基盤を奪われた労働者のエネルギーや、使われざる若年者の技能、及び種々の問題と格闘してきた高齢者の経験は、衰弱しつつある公共セクターや、利潤をひたすら追求する民間セクターにはいままで無視されてきたが、これらを活用することは、貧困、依存、疎外にとって代わって、公正さ、イニシアティブ、参加をもたらすであろう。環境的なイニシアティブ、環境教育、そして環境的な公聴会すらも社会的資産を生む。もし、私たちがそのことを生産的な仕事であると見るようになれば、創造的な社会という概念が浮かびあがってくる。創造的な社会においては、職を持たぬ全ての人々は、社会（society）によって雇用される権利をもつ。創造的な市民性は社会全体の豊かさを生む。なぜならそれは社会的資産を生み出すからである。

都市の形態は、都市の文化を活気づけ、それによって市民性を生み出すことができる。その重要な役割は認識されなければならない。私の考えでは、本来都市の文化というものは参加的なものである。都市の文化は、町や都市のようにある密度と出会い交流のあるような環境においてのみ生起するような都市の活動自体にあらわれる。その範囲は普通人から教養人まで、日常的なものから例外的なものまで、また享楽的なものから深遠なものまでに及んでいる。カフェにおける熱い意見の交換から、コンサートホールにおけるバートウィッスル（訳注　現代英国を代表する作曲家）の鑑賞に至るまでの種々の活動は、都市固有の特徴を決定付け、都市社会にアイデンティティをもたらし、その都市の人々の精粋を具現化し、そしてコミュニティを結びつける。文化は社会の精神であり、抑圧と格闘できる社会の質でもある。それはこのグ

ローバリゼーションと画一化の時代にあって、人々を個性化するものである。

　私は、この豊穣な相互作用を促す都市のポジティブな可能性と、それを窒息させかねない破滅的な可能性について述べてきた。市民の共通領域は、都市の文化を奮い立たせることと、市民性を創造する決定的な役割を果たす。私のいう市民の共通領域とは、ヴェニスのサンマルコ広場やメキシコシティのガリバルディ広場のような大きな都市空間だけを指しているのではない。確かにそれらは、社会的にもシンボルとしても重要な機能をもっている。しかし、それらは単に都市空間のヒエラルキーの頂点であるということにすぎず、そのヒエラルキーの最下層には、それぞれの場所の路地・界隈、家から学校までの道すじ、店から働く場所までの道のりなどが含まれている。

　安全で様々なものを含んだ公共空間は、壮大なものから親しみやすいものに至るまでのそのあらゆる形式において、社会的な統合や結びつきにとって極めて重要である。民主主義の物理的実体は、公的な領域における開放的な空間のありようや、界隈で繰り広げられる生活の質に見出すことができる。その中核は、建物群が、自発的でしかも全体としては混沌とした人々の日々の生活の営みをどのように包含し、あるいはまたどのようにその背景として働いているのか、というそのありようにある。私たちは、平等な権利というものに深く関与するおそらく最初の世代であり、それゆえにこそ、真に充足的で、全ての人々がアクセスできる市民の共通領域を創造することに挑戦すべき状況に直面している。私たちの新しい時代を反映するこのような仕組みを発展させていくことを私たちは辛抱強くやり通さなければならない。

　人間としての権利は公共空間における自由を創造する。それなくしては、市民の共通領域は、みせかけのものにすぎない。天安門前広場で起きたことを思い起こしてみればわかるように。市民の権利を都市空間で自由に表現することは、自由ということの経験を生み出し、これらの権利を擁護し育んでいくことを促す。ギリシャのアゴラは、たとえそれが限られた階級のものに限られていたにせよ、まさに社会的な権利にかかわる空間的な表現であったといってよい。市民の共通領域に対する物理的、及び知的レベルでのアクセスのしや

すさは、社会がもつ価値のリトマス・テストである。それは様々なものを含んでいて、賑わいのある公共空間は、寛容さと、革命的な考えを生み出す。ファシズムやそれに似た抑圧的な体制において、都市が人々を分かち、個を逼塞させているのは決して偶然ではない。公共空間を分かち合うことは、偏見を砕き、共通の責任を私たちに自覚させる。それはコミュニティを強固に結びつけるものである。

公共の空間における自由は、表現の自由と同様、厳格に保護されるべきものである。私たちは、市民の共通領域には、セミパブリックな性格をもった組織のもつ空間——例えば、学校、大学、タウンホール、ショッピングセンターなど——も含まれることを認識する必要がある。加えて、それらの空間はあらゆる人々がアクセスでき、しかも最高の水準で間違いなくデザインされなければならない。もし、これらの一部が、プライベートなコントロールのもとにおかれる場合は、ひろく一般の人々が納得できるような理由がなければならない。例えば、市民の行き交う繁華街が私企業によるショッピング・モールに置き換えられる場合、デベロッパーは、その空間がコミュニティのあらゆる社会的な要求を満足するようにしなければならない。私たち市民の共通領域の定義にはサイバー空間の自由も含まれ、かつ公の討論の場として保護されなければならない。それはまた、平等なコミュニティを作るための手助けとなる。

現時点では、私たちは、人々を自由にし文化的にさせる都市というよりは、人々を分裂させ暴力的にさせる都市を作り続けている。しかしながら、私たちの自然環境に対する態度が最近革命的に変化したことは、有益なモデルを提供する。エコロジストたちが描く私たちの自然との関係——私たちはその持ち主ではなく付託をうけた管理人にすぎず、将来の世代に対して責任をもっているのだということ——は、都市における社会生活にそのままあてはまる。私たちは、自然こそが究極の価値であるという考え方に慣れてきた。いまや私たちは、市民の共通領域についてもほぼ同様に考える必要があり、私たち市民にとっての社会生活と公共空間に投資する必要もある。

サステナブルな都市というのはどのように実現できるのであろうか？ 経済

が、サステナビリティを実現するうえでの核心であることは間違いないところであり、私たちは、既存の経済的思考の中核にすえられている基本的な前提条件を検証してみる責務を課せられている。工業化の到来以来、資源の「採取と消費」が重視されてきた。そのことは、過去200年間にわたって、高効率の手法と技術を生み出し続け、何ら顧慮されることなく、技術は大量消費・大量廃棄の道を猛然と走ってきた。GNPやGDPは、経済成長による便益を重視しているが、しかし、そのことは、環境の豊穣さや、社会の豊かさといった長期的な観点にたった評価項目を勘案すべきことを見落としている。もし私たちが資源の「保全とリサイクル」に向けて基本的な考え方を転換するならば、貪欲さと効率性を相半ばしつつも、やがては市場がこれに対応することが期待される。しかし、そのような考え方の転換はどのようにしたら実現するのであろうか？

現在の市場におけるやり方は、その生産コストによって、商品の値段を決めることに基盤をおいており、その商品の使用に伴う影響は顧慮されていない。石油を例にとってみよう。石油の消費が、大気汚染や、健康障害や土地の肥沃さの侵食を引き起こしているにもかかわらず、米国や多くの国々で石油はミネラルウォーターよりも実際のところ安い。私たちの浪費的な生活様式は、石油価格が安価であることに支えられている。価格？　大量で長期にわたる環境破壊、大気汚染、質の悪い空気や過密な環境が引き起こす医療コストは、いまの石油の価格には全く反映されていない。たった1年の間に、私たちは、私たちの惑星が何百万年もかけてつくってきたエネルギーのストックを費消し、同時に人類の生存を支えるシステムに致命的な損傷を与えている。私たちは、今日、未来の世代の富を食いつぶしているのだ。

市場システムだけが、この破壊的なふるまいをなさしめているわけではない。ワシントンDCのワールドウォッチ研究所の最近のレポートによれば、西欧諸国における公的支出のうち5000億ドル以上は、直接的な環境損傷に結びつくことに使われているという。もし、私たちが、サステナブルな生活に向けて歩を進めたいのならば、市場や公的セクターの活動に対して、サステナビリティを考慮した会計の複雑なマトリックスを導入させることが不可欠である。

国内総生産

国内総生産（**GDP**: Gross Domestic Product）は全ての活動を加算することで得られるが、これには、生活の質を低下する活動も含まれている。

消費者の支出 ＋ 社会コスト 例：福祉 ＋ 環境を浄化するコスト

＝ GDP

サステナブルな経済的豊かさ指標

一方、サステナブルな経済的豊かさ指標（**ISEW**: Index of Sustainable Economic Wealth）は、ネガティブなコストを勘案するとともに、国内総生産（GDP）が無視しているいくつかの社会要因を算入している。

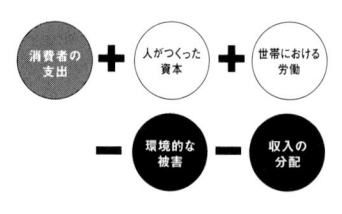

消費者の支出 ＋ 人がつくった資本 ＋ 世帯における労働 － 環境的な被害 － 収入の分配

＝ ISEW

国内総生産（GDP）は、もはや生活水準を判断する適切な方法ではない。汚染、廃棄物、健康及び安全の必要性といった事項が、算式のなかに含まれる必要がある。

Richard Rogers Partnership / New Economics Foundation

いまや次のような事実が広く認識されている。

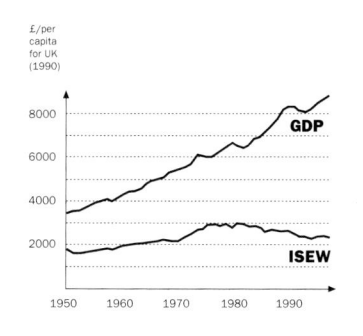

発展・開発をサステナブルにするためには、環境的な思考・配慮を、政府及び産業における意思決定過程の中央に据えるべきである。この変革をすすめるためには、経済的な発展が環境にどのように影響を及ぼすのかということについてのより良い情報が必要である。究極的な目標は、環境会計と経済的会計を、国の会計において統合させることである。(英国政府白書1994年1月)

いまや、総括的な経済評価にかかわる新たな概念をつくることは、緊急の課題である。サステナビリティは、効率性の度合いと見ることもできる。しかし、それは、単純で、限定的、短期的な尺度というよりは、むしろ、複雑で、広範で、長期的な尺度として定義されるものである。従ってサステナビリティは、高次元の経済的な効率であり、ごく少数者が多数者にとっての損害をもたらすものではなく、全ての人に便益をもたらすものである。市場は反応的であり、柔軟であり、短期的な観点からいえば効率の高いものである。しかしながら、私たちは、長期的な環境的・社会的要因を、数理的な経済モデルに組み込まなければならない。ロンドン大学の経済学教授デイビッド・ピアスらサステナビリティという考え方を信じ熱心に説く人々は、環境的・社会的「非効率性」を自らが招くことなく、短期的な「効率性」を生み出すように政府は市場をマネジメントできると主張している。

政府は、環境に損傷を与える活動に対して、環境的課徴金や「グリーン」税を課し、商品の価格に外部不経済コストを反映させることを推進すべきである。このことは、よりグリーンな生産方法の解を探求させることに、市場の力を振り向けさせることになる。また、市場の反応性と効率性を生み出す能力と、サステナビリティの達成とを分かちがたく結びつけることにもなる。

このことを燃料にあてはめてみよう。1986年のOPECの崩壊によって、原油価格は、石油危機前の水準にまで下がってしまった。自動車工業において1973年以降に進展してきた燃料効率の改善は全く逆方向に向いてしまっ

国内総生産(GDP)とサステナブルな経済的豊かさ指標(ISEW)との広がる差異を示したグラフ

た。安価な原油価格のため、多くの自動車所有者は、いまやよりパワー溢れるエンジン付きの重量車を選んでいる。課税によって、価格を上昇させることは、エネルギーをがぶがぶ浪費する自動車を買う意欲を萎えさせ、自動車メーカーによる燃料消費と汚染を低減させるための技術革新を促すことになる。

現時点において、課税というのは、企業や個人の行動に対して影響を与える政策手段というよりも主に歳入を得る手段として見られている。課税は、市場及び選挙民にとって許容される水準に設定される。従って、燃料や自動車に対する課税は、環境的・社会的配慮というよりも、経済的な地位を脅かさない範囲で歳入を最大化することに主眼がおかれて決められている。

資源生産性（resource productivity）を改善すること——リサイクルを進め廃棄物を減じること——を促す環境政策は、人々の高潔な行いの輪を形生み出すことができる。こういう仕事は労働集約的である傾向があり、都市における就業機会や起業機会を大規模に生み出すと予想される。これは極めて論理的である。例えば、海洋投棄や、焼却処分、あるいは埋め立てから、再加工やリサイクルに移行していくためには、より高度のレベルの配慮・管理を要するからである。資源生産性は、人と機械への課税のバランスをとることによって、さらに改善されうる。政府の課税政策は一般的に生産を増加させる手段として「機械化」を優遇する。結果として、それらの政策は、「工場に量産機械を設置する」ことを優遇し、労働集約的なプロセスを不利なものとする課税構造をつくりだすことによって、オートメーション化を政策的に支援する傾向がある。その政策には、技術に対する投資を税優遇する一方で、人的労働からの税収入を増やすということも含まれる。しかしながら、「生産性が低い」人的労働に対して機械を優遇するという前提条件は崩れうるものである。ある場合は、人を雇うことの方が、機械がもっている明確な効率をはるかにしのぐ社会的もしくは環境的利益を導き出す。

その目に見える直截的な例として、ロンドンのバスの車掌の例を取りあげてみよう——その職業はまもなく終焉を迎えようとしているが。バス路線の合理化と民営化、及びそれに引き続く「効率的」運行により、車掌の仕事は、運

転士にとって代わられた。バス会社は、同じ路線を半分の人員で、ほとんど機材も増やすことなく、一夜にしてその生産性を概念的には倍増させた。しかし、書類上良いと思われることは、その変化に伴う、経済的、社会的及び環境的な影響全般については見落としている。バス停でもたもたするバス（排気ガスで大気を汚染し、所要時間が長くなり、その後続の交通の流れも遅くする）。身体障害者、高齢者や旅行者への介助もない。幼い子たちに微笑みが向けられることもない。保安への安心感も減り、「元気あふれる」車掌によって醸し出されていた活気もない。乗客席の空間を所有しているかのような居心地いい感覚なども全くない。そしていうまでもなく、何百人に及ぶ車掌の失業者たち。バスがより安価な運賃で運行してることや、その民営化による利益を会社に残った従業員と経営者が分かち合っていることの証拠は、私たちに示されている。しかし、これらの変化によって、公共交通のネットワークが全般的に改善されたとか、より多くの人がバスをより高い頻度で利用するようになったとかいう証拠は全くない。時間の浪費、燃料の浪費、交通混雑、汚染及び失業に伴うコストは、社会によって支えられている。この特定の生産性の向上によって社会が節約の恩恵を得るというのは幻想にすぎない。

この例は、単に、氷山の一角を示したにすぎない。世界中の全ての所得の約半分をコントロールする多国籍企業によって創出された巨大な「効率」は、消費者都市が残していく社会的及び環境的な影響の痕跡を覆い隠している。最近のガーディアン紙は、農業の近代化プログラムを背景にいかにフィリピンが自らをアジアの新興工業国の仲間入りをしようとしてきたかを報じている。巨大な果物プランテーションが、小規模所有にとって代わりつつあり、多国籍企業は、自身の資本集約を増加しつつある。農作業労働者は機械にとって代わられていて、彼らは都市に移住し、そのバラック街にあふれかえっている。国内市場向けにトウモロコシや米を耕作してきた土地は、相対的に安価な国内物価を背景に、工業化された国々への輸出用の贅沢な作物栽培用に転換されている。いまやトウモロコシや米の耕作用の農地は数年以内に半減するだろうと予測されている。確かに、パリ、ロンドン、ニューヨークや東京の食卓に並ぶフィリピンのパイナップルは価格上は高い競争力を持っている。しかし、それは、どのような社会的コストを伴っていることなのか？

これらの新たな「効率」が自国内及び海外において生み出す社会的なコストの範囲・程度は注意深く評価すべきである。社会がコストを背負っている場合は、利益は、株主や経営者たちだけに分配されるのではなく、社会的及び教育的プログラムにも分配されるべきである。ある種の豊かさを創造することにおいてより優れているがゆえに、ロボット化が人的労働にとって代わっているのと同様に、課税対象も労働者から製品そのものに移行されねばならない。効率的で、環境的にも社会的にもサステナブルな社会・自然・機械の間の相互関係を生み出すことを促すよう課税体系を創出することが理想である。

政府は、サステナビリティ税の目的を透明にしなければならない。例えば、原油税の増税による歳入を公共交通の改善に用いることなど、グリーン税からの収入を特定のサステナビリティ・プロジェクトへの投資にあてることが、市民にとって税をより受け入れやすくさせることもある。社会保障給付は、人々を依存状態にとめおいてしまうものというよりは、可能な場合は、社会的な新たな豊かさを生み出す「創造的な市民性」を発露させる率先的行動に出資していると見なすべきである。

土地への課税は、都市のスプロール化を進めるのではなく、都市としての一体化を強めるものとしてデザインされる必要がある。現地点では、いくつかの土地税や公共事業は都市のスプロール化を促しており、結果として、都市内部の空洞化や社会的な衰退を生んでいる。例えば、公共資金で作られた道路は、低価値の農地を、都市からのアクセスが可能で商業的価値に富む不動産に変容させてしまっている。都市外部の敷地の開発行為に対する土地税は、公共資金で作られたインフラの建設費用や、小売りや商業活動が既成市街地から去っていくことによる社会的コストを反映したものとすべきである。このことは、コンパクトな都市内の土地の比較優位性を高め、デベロッパーや小売業者がその事業をまちの中心街に集積させることを促す。開発申請に対しては、その社会的・環境的影響に関する厳密な検分が必要である。社会的な差別、混雑、汚染が受け入れがたいほどに引き起こされるような計画については罰則的な課税がなされるべきである。

サステナビリティの実現に向けて、政府の構造そのものを改革していく必要もある。今日、政府はなお、それぞれの省庁が各々独自の政策プログラムに則って施策を実行しており、環境や社会に関して、各省庁の政策プログラムを繋ぐ総合的戦略はなく、他の省庁の政策プログラムと両立しえないこともしばしばである。それぞれの省庁の政策が異なった方向に引っ張られるままでは、現代の都市生活が切実に求めている方向に全く進んでいけない。例えば英国では、交通省や通商産業省は、伝統的に、車の使用を促すことが彼らの責務であると自任してきた。一方、環境省や保健省は、それらの使用を控えさせることが彼らの責務であると自任してきた。私たちは、現代の都市がもつ複雑性に対応できるような、包括的な政府の組織構造を必要としている。

1992年、フランス政府は大胆な施策に踏み出した。都市の最貧者たちがもつ相互に関連しあったニーズに取り組むため、都市省を設置したのである。彼らの多くは恵まれない住宅団地に住み、貧困という病がもたらす古典的な諸症状——劣悪な教育、環境そして健康に加えて、高い犯罪率、失業率、及び高い比率の麻薬濫用や社会的孤立など——に悩まされていた。政府の従前の構造では、それぞれの省庁は、貧困の及ぼす結果に対応することしかできず、積極的にその根本原因に遡って問題を処理することはできなかった。新たに設立された都市省は、各省庁が持つ経営資源を連携し、恵まれない市民の生活状況に対する責任を分かち合う雰囲気を醸しだすことによって、既存の省庁の活動を調整統合することを業務としていた。

サステナブルな環境に向けての計画にかかわるこういった取組みは、前述のようにクリティバのような都市においては有効であることがきわめて明確に証明されており、この取組みは将来の政府の政策の基本となっていく必要がある。多くの国は、在来の責任の境界を取り払う法令を導入することによって、こういったプロセスに着手し、西欧諸国の大半においては、環境に関して「排出者負担」原則が適用されはじめている。例えば、ドイツ政府は、国内の廃棄物を対象とした新しい法律を通過させた。それは、材料再循環法といい、生産業者に対して、彼らが作った製品の廃棄処分について責任を負わせている。この責任は、通常は、エンドユーザーや地方自治体が負わされていたもの

である。この種の法律は製造者の包装やリサイクルへの態度について劇的な影響を及ぼすであろう。そして、生産と消費の間のループを閉じさせ、都市の物質代謝の効率を急速に改善するであろう。

政府の政策が実行され適切な強制力をもって管理されるためには、良質の情報が広く流布することが肝要である。環境調和的な目標に対して深く関与してきた政府自身も、もしその目標が達成できない場合はその懲罰を負わねばならない。こうした自己を厳しく管理することは極めて重要である。例えば、英国政府は2000年までにオゾン汚染にかかわるWHOの基準に適合することを明言し続けてきた。しかし、こうした明言にもかかわらず、オゾンのレベルが基準を上回った場合の報告ですら怠ることが繰り返されてきた。

もし、都市の環境パフォーマンスの計測方法について国際的に合意された標準が作られて改善目標が設定され、その実施状況がモニターされ公刊されるようになれば、市民は政府に対して有効な圧力を加えられることになる。もし、この情報がインターネットを通じて誰でも入手可能なものとなれば、明確でかつアクセスできうる世界規模での俯瞰的状況が浮かび上がってくる。そうすれば、サステナビリティの観点からみて問題をはらんだ都市を抱える国を、国際的な懲罰及び支援の重点対象とすることが可能になる。

政府は自らの膨大な直接的購買力が、環境的・社会的サステナビリティにとって確実に有益なものとなるようにしなければならない。政府の調達政策は、電気自動車から省エネルギー建築や生き生きとした教育環境に至るまで、サステナブル・デザインのあらゆる領域において、技術革新を促しうる可能性をもっている。

過去25年間、フランスはその公的な調達予算を、コミュニティや自尊心や文化的達成度を高める手段としての質の高い公共建築を発注することに使ってきた。この政策ははかりしれない成功を収めた。それは建築に関する人々の意識を高め、数えられないほどの良質な現代建築を国じゅうに作ることに結びつき、地方のコミュニティを再活性化させた。フランスの新しい建築や

公園は、国際的な賞賛を浴び、観光事業を景気づけた。1960年代や70年代には国際的な賞賛を浴びることが少なかったフランスの建築家たちは、例えば、ジャン・ヌーベルや、ドミニク・ペロー、クリスチャン・ド・ポルザンパルクなど、若くて革新的な建築家やプランナーの名とともに、今日では世界中で賞賛されている。ミッテランの文化政策は、ダイナミックな雰囲気と、未来に対する開明的な態度を生み出した。

政府には、技術革新や実験的試みを促しつつ、質の高い都市プロジェクトを確実に進めていくだけの力がある。単に、十分に情報をもった建築のパトロンとして行動するだけで、閣僚たちは環境の質に関する国の標準を設定することができる。私たちの日常生活に切実な存在であるだけに、最も高い建築的水準の公共建築を調達することを政府に求める権利を市民は持つ。建築は、都市社会の文化の発展と、社会的関心を物理的に表現したものである。若く才能と想像力に溢れた建築家を見出し、彼らに学校、病院、公共住宅を手がけさせていくことによって、政府は環境や建築家の質を直接的に改善することができる。

かつて、事業体と政府という、経済上の二つの主要なパートナーが存在した領域で、いまや三つ目のパートナーが存在する。それは、世界都市（Global Cities）である。グローバル経済を可能ならしめた情報技術（IT）は、都市を中核に濃密なコミュニケーションのネットワークを作り上げた。世界展開する企業は、都市でしか得られないサービスの基盤や、人材に依存して活動している。このことは、大量の資源を都市地域に集中させ、世界都市同士の新たなネットワークを創出してきた。都市への経済力の移行は、公的なサービスのコントロールを政府から都市へ移行させることも伴った。これらの都市は経済力・政治力を生みだす主要な場となり、先端技術の開発・集積拠点（technoples）として国と世界経済との最も基本的な接点となっている。

情報技術がもたらした拡散によって都市は廃れているのではなく、むしろ世界経済における指揮機能を集中させている。（サスキア・サッセン）

新しい情報技術は、あらゆるレベルで経済を変容させつつある。市民の意識や洗練された技術は、未加工の原料や材料にとって代わりつつある。創造力のネットワークは、いまや新たな「創造的」経済を生みつつある。芸術と技術の交流は──それは商品の交換というよりはアイデアの交換であるが──、その新たな経済と私たちの将来の繁栄にとって血液のように不可欠のものとなりつつある。こういった変化は直接的には都市の形態を変える。なぜならば、情報の高速回線や、コンピューターの安価な処理能力、そして製造業のロボット化は、労働方法を革命的に変えるからである。新しい技術は、学習や労働をかつての場所性の束縛から解放した。ネットワーク化され、しかも柔軟に情報源に接続できることが、昔日の諸活動──例えば、工場、オフィス、大学──の明確に切り離された境い目をなくしつつある。人々はますます、知識を、それが組織化されたところではなく、それが欲しい時に使うようになっていく。家、カフェ、公園、どこからであろうが人々はプラグインし、参加することができるようになる。そして学習と生活と労働は連続的にオーバーラップするであろう。

　こういった技術革新は、都市の再構築がサステナブルな道すじの上に乗ることに拍車をかける。19世紀の産業都市は、周囲の鉄道アクセスや、石炭や鋼材の供給を発達させた。20世紀後半の都市は、単一の機能のゾーンのまわりに計画され発達した。21世紀の都市では、小規模な雇用と創造的な交流をよりどころにした経済が、より一層多様で個人的なニーズを生み出すであろう。小企業は、大規模な業務施設基盤への依存を弱め、むしろ都市のインフラや地域で提供されるサービスに依存するようになる。大規模な企業の活動から、小規模な企業のネットワークへの重点の移動は、人々が大規模で変動の少ない集団で働く必要性を弱めさせ、都市全域に分散された就業場所を出現させることを促す。この動きは、公式・非公式の出会いの場が都市に集約することで補完される。このプロセスは、都市における活動のありかたに重要な影響を及ぼすであろう。都市中心への、あるいは中心からの、巨大なラッシュ・アワーのピークは、次第に全日にわたって、また都市全域にわたって、平準化され、都市交通への依存と、その利用の効率性を高める。より洗練され、より多様な都市のテクスチュアは、おのおの別々ではなく相互に重なり合いをも

った文化活動と市民サービスへの需要を増加させていく。そうなっていけば、コンパクトでサステナブルなコミュニティのまわりに都市を計画することは、経済的な正当性をもつようになる。

ビジネスを行うということ——アイデアを発表し交換すること——は、社会的活動であるとともに経済的活動であるという、本来の姿に目に見えて立ち戻っていく。働くことと、他の日常的活動の境界がこのように曖昧になっていくことは、もっとコンパクトで多様な社会的基軸となる方向に都市をつき向かわせていく。それは、都市のサステナビリティの前提条件である。市民の創造性によって豊かさが生み出され、しかも予見できないことや内発的なものによって技術革新が促進されている世界においては、都市の行政機構は、その市民の競争性と生産性を維持するような新たな政策を作り上げていく必要がある。都市のデザインは、どのように創造的経済を活性化できるのか？ 思うがままのところに立地できる会社は、良質な人々を良質な場所に引きつけることができるところへと行くであろう。従って社会生活と、移動性と、生涯にわたる教育、及びアクセスしやすい文化施設が適切に混じり合っている都市にこそ新しい経済は花咲く。

加速しつつある変化が都市の物理的形態に及ぼす影響は過激である。組織の寿命はどんどん短くなっている。駅舎は美術館に変わり、発電所がアート・ギャラリーになり、教会がナイトクラブになり、倉庫が住宅になる、などなど、当初の数年のために想定した用途とは異なる使い方をすると予測することは今やあたりまえになっている。人生はもはや長期的な見通しのなかでは決められなくなってきており、結果として、記念碑的な建築や空間のスタティックな秩序のなかに収まりきるものではなくなってきている。建築のシンボリズムにおける古典的な秩序はもはや関係ない。教会、市役所、宮殿、市場、工場のように見える外観からは建築の機能を読み取ることができない。建物は、もはや静的な階層的秩序を象徴していない。それにとって代わって、建物は、ダイナミックな社会の用途を包むフレキシブルなコンテナに化したといってよい。しかしながら、空間における建物群の配置が、いいかえれば都市におけるネットワーク全体が、今日の都市社会を最もよく反映していることも

事実である。

伝統的な生活方法は、今日的な生活の猛攻撃に道を譲り、変化は痛みを伴い、さらなる問題を引き起こす。巨大都市東京——労働へのエトスが人生を支配し、ゾーニングと途方もない土地の価格が、家庭での団欒の時間をダウンタウンから追放した場所——では、文化的伝統が劇的に推移しつつあることが見て取れる。住居地域における家庭生活は軽んじられ、日曜日だけがそのために残されている。ダウンタウンの都市空間は、業務及び孤立させられた勤労者の平日の日常生活のニーズを満たすように形作られている。住居とビジネスの機能がお互いに融合しはじめており、内側と外側の関係が逆転し、結果として、都市の中心が住居と化している。食事をすること、寝ること、そして入浴することが、いまやダウンタウンで行われている。リビングルームはカフェ、バー、クラブやカラオケ設備に、食事室や台所はカウンター式の食事施設やファーストフードのレストランに、浴室はスポーツクラブ、サウナや温泉に、ベッドルームは簡易宿屋、休憩所そしてラブホテルにとって代わられた。ダウンタウンは体験することには畏怖心をいだくほどの活気に24時間あふれている。しかし、この世界最大の首都地域のダウンタウンを除く部分は魂が抜け混沌としている。これは都市の形態や機能がいかに常に改変され適応しているかのまさに一つの例である。これらをおこす力の複雑性や、変化を独占しようとする市場の圧力に対しては、市民から政府に至るまで、最も広範囲にわたるたえまない警戒が必要である。

いま都市にたゆまぬ変化をおこしている不可避のプロセスと対峙するのではなく、このプロセスとともに歩みつつ、私たちはフレキシビリティとオープンさをもった都市を作り上げなければならない。住居、学校、娯楽施設や就業場所が単一機能では定義できなくなっているように、共通のコミュニケーションのネットワークに接続した一つの基本的な構造は、学習にも、労働にも、娯楽にも供することができる。審美性が全てではあるが、それは、建物が包み込む機能とは別個のものである。ビルディング・システムそのもの——そこにこめられた技能、対応性、美しさ——が、審美性の主要な評価基準に急速になりつつある。適応、変化そして調整の美学というものが、建築の固定的な秩序

にとって代わったのである。

建築は、環境への対応や、高性能で生態に適応した材料の開発によって変わりつつある。ル・コルビュジエは建築を「光満るなかで合体されたマスによる、職人的な確かさと壮大さをもった演劇」として描いた。しかしながら、将来は建物は脱物質化されていくであろう。いまや、マスの時代ではなく、透明性とかりそめに被う皮膜（veil）の時代である。それは、決定的ではなく、適応性があり、そして浮かぶような構造であり、環境や用途類型の日々の変化に対応するものである。建築の未来は、──ウィル・オルソップ、フューチャー・システム、ザハ・ハディド、レム・クールハース、ダニエル・リベスキンド、コープ・ヒンメルブラウそして伊東豊雄がその作品によって既に予言的に描いているように──、過去からずっと不変であるような寺院のような性格を弱め、動き、考え、しかも有機的であるロボットのようなものとなるであろう。構造が軽くなるに従い、建築はより透過的になり、歩行者は、それをとりまくというよりは、そのなかを通りぬけていくようになる。通りや公園は建物の一部となる。また建物の上に浮かぶ浮揚物かもしれない。建築家セドリック・プライスがかつていったように、都市に関する主たる問題は、建物が邪魔になってきていることである。将来は徐々にその邪魔であることが避けがたいものではなくなっていくであろう。

都市のサステナビリティを作り出すのも、また壊すのも、交通となるであろう。コンパクトで用途が混合したコミュニティとは、公共交通のハブのまわりの徒歩圏・自転車交通圏内に計画された個々のコミュニティの集合体であるべきである。いくつかの大都市の自治体では、その都市の交通に対して、極めて斬新な見方を既にしはじめている。例えば、ストラスブールでは、将来を見通した市長キャスリン・トラウマンが過激な交通政策をとりはじめている。自家用車は都市中心から締め出され、そこでは最先端技術の路面電車システムが運行しており、また小型電気自動車を時間単位・日単位・週単位で借りられる。運河が交通に用いられ、その堤防は都市を十の字にまたぐ、眺望に富む歩行者路として用いられている。ブラジルのクリティバでは、主要なルートをバスのみに制限し、バスを地下鉄のように乗客を乗降させるようにデザインし、

そして宇宙時代にふさわしいガラスを用いたバス停を最高品質の技術仕様で提供することによって、公共交通機関に対する人々のイメージを一新した。結果として、安全で、速く、スマートであるがために、バスは人々に用いられるようになった。

世界中で、ますます高速で効率的になっている機械的交通システムを基盤にした大都市地域が形成されつつある。電車は、既に時速300キロメートル近くで運行できるようになっており、まもなく、磁気浮揚式の電車の導入によってそのスピードは倍増する。ヨーロッパやアジアにおいて、高速の国際列車のネットワークの拡大が、都市同士を連携し、それらの都市のコミュニケーションのハブとしての重要性を増加させ、新たなコンパクトな発展への道すじを開きつつある。

今日の、環境汚染的で、何かと障害となる車を生産する自動車技術を、環境に対して全くダメージを与えないように再編することは可能なはずである。車が都市の高速道路で自走するように、完全にロボット化されることさえありうる。未来の車は「クリーン」になるであろう。しかし、公共交通機関で移動することは、より安く、より速く、より楽しくなる。車は、複雑で柔軟な交通システムのネットワークのマイナーな要素として見られるようになる。市民は、交通体系全体をたちどころに分析し、最も速く都市をまたぐルートを地図表示し、いつどこに最も近い車両がくるのかを知らせてくれるような、交通のインターネット情報にアクセスできるようになるであろう。このことは市民が、より早く、しかもより足繁く、より多くの場所に行くことを可能にする。

そういった交通体系を創造する確固たる意思をもてば、将来の都市は、みんなが、健康、安全、創造力、正義に関与するような社会の基礎を提供できるはずである。新しい技術は、私たちの都市に人生の新たな息吹きとそのまじりあいをもたらすことができる。それは、より社会的で、より美しく、よりわくわくする人生であり、何よりもそれは市民性のなかで決定づけられる人生である。

サステナブルな都市という考え方は、経済的、物理的な目的と同様に、私たちの都市が、私たちの社会的、環境的、政治的そして文化的な目的にも適合する必要があるという認識に基づいている。それは、ダイナミックな有機的組織であり、社会自身と同じくらい複雑で、しかもその急激な変化に対して十分な適応性をもっている。サステナブルな都市は以下のようないくつかの側面をもつ都市である。

——公正な都市。 正義・食べ物・いえ・教育・健康・希望を公正に分かちあい、誰もが行政に参加することができる場所。

——美しき都市。 芸術・建築・景観が想像力をかきたて魂を揺り動かす場所。

——創造的な都市。 寛容で前向きな試みが、人のもつすべての力をひきだし、急速な変化にも柔軟な場所。

——エコロジカルな都市。 エコロジカルな影響を最小にする。景観と建造物の調和がとれ、建築とインフラが安全で十分に有効活用される場所。

——ふれあいの都市。 公共の場所がコミュニティと人の流れを活性化し、電子的にも、直接的にも情報を交換できる場所。

——コンパクトで多核的な都市。 いたずらに田園に広がらず、隣近所にまとまりのよいコミュニティがあり、近場でことがたりる場所。

——多様な都市。 様々な活動の重なりあいが活気とインスピレーションを生み、社会生活をいきいきとさせる場所。

サステナブルな都市は、環境的な権利（清潔な水、きれいな空気、肥沃な土地への基本的な権利）を、私たちの新しく、都市的な性格が強い、地球規模の文明に対して、提供する主体となりうる。いま、そういった権利を享受できない人が百万規模でいるが、やがてそれは千万規模になるであろう。環境的な権

利に対する責任を果していくためには、サステナブルな都市の実現は不可欠である。実際これらのことは相互に関連することである。例えば、きれいな空気や健康のことを考えてみよう。今日、何百万というバラック街の居住者は、固形燃料を燃やして調理し暖をとっている。これは、危険な水準にまで大気汚染を引き起こすが、彼らはそれから逃れることができない。都市が人間としての権利の実現への責任を果そうとするならば、クリーンなエネルギーを供給しなければならないし、その効率改善と汚染低減のための政策も実行しなければならない。そのことは、ゆくゆくは、世界的な規模で全ての人にとっての環境的な危機を軽減することになる。

世界中に広がる、都市の社会的・環境的危機は、人々の関心を集めている。サステナビリティを求める声は、熟慮した都市計画の必要性を再びよびさまし、その基本原則と目的の再考を強く促してきた。今日の文明の危機に対処するためには、政府がサステナブルな都市に向けて計画を策定することが不可欠である。

こういったサステナブルな都市に対する強い欲求の実現に向けて確実に流れがおきている。国家や国際機関そして大都市の自治体の間で権力が委譲されかつまた共有されつつあることが、世界規模での傾向としてみてとれる。1996年の国連居住会議は、これらの新しい関係を前進させた。会議ではまず、各国の外交官や閣僚が、一連に起こりつつあることに対して枢要な役割を担うようにという、都市の自治体からの首尾一貫した要求に直面することとなった。世界中の都市の代表者が諸提案をその会議の場で発表した。会議では何度も何度も、市民の苦境が、特に開発途上の国々の市民の苦境が明らかにされた。人間性の将来は都市の環境の質に依存していることが証明された。世界銀行は、都市への補助金を著しく増加させることによって、これにすばやく応えた。

都市計画はいまや、様々な専門性が交錯する分野であり、もはやその範囲が大都市の境界にとどまるものではないと認識されている。都市プランナーたちは、ますます、その近隣都市やその地域全体の状況をふまえて、都市を考え

サステナブルな都市とは；

——**公正な都市**。正義・食べ物・いえ・教育・健康・希望を公正に分かちあい、誰もが行政に参加することができる場所。

——**美しき都市**。芸術・建築・景観が想像力をかきたて魂を揺り動かす場所。

——**創造的な都市**。寛容で前向きな試みが、人のもつすべての力をひきだし、急速な変化にも柔軟な場所。

——**エコロジカルな都市**。エコロジカルな影響を最小にする。景観と建造物の調和がとれ、建築とインフラが安全で十分に有効活用される場所。

——**ふれあいの都市**。公共の場所がコミュニティと人の流れを活性化し、電子的にも、直接的にも情報を交換できる場所。

——**コンパクトで多核的な都市**。いたずらに田園に広がらず、隣近所にまとまりのよいコミュニティがあり、近場でことがたりる場所。

——**多様な都市**。様々な活動の重なりあいが活気とインスピレーションを生み、社会生活をいきいきとさせる場所。

るようになっている。都市計画地域が、都市圏域にまで広がった例が多くある。――例えば、ポートランド――シアトル――バンクーバー軸のように、あるいは、アムステルダム――ロッテルダム軸のように――そこでは、都市と農業と経済と環境は並行的に考えられ、計画は、戦略的な長期的目標に主眼をおいている。

ヨーロッパでは、バルセロナ、リヨン、グラスゴーのような都市は、他の活気づいた都市との連携を発展的にすすめており、目標を定め、都市における生活の質の改善や、都市による環境影響を低減する政策を進めている。これらは多くの場合、EUやリオデジャネイロ宣言のような国際的合意の精神を反映したものであるが、これらの政策はたびたび政府の短期的計画と不和をおこす。これが最も顕著だったのは、地球温暖化ガスや交通の削減や、公共交通への投資が俎上にのぼったときである。

カリフォルニアは、地域の都市による確固たる行動の別の事例を提供する。カリフォルニアは、低排出型の車両の区分を独自に定義するとともに、これらの車両が総売上高に占める割合目標が達成される期限も定めた（2003年までに、州内で売られる10%をゼロエミッションの車が占めること）。この確固たる行動は、製造者に明確なメッセージを送り、本腰をいれた研究開発がはじめられた。その直接的な結果として、ゼネラル・モータースは、1996年にカリフォルニアで電気自動車の販売を開始し、車両の排気にかかわる大きな改善が実現した。

都市独自の法令は、直接的な都市の境界をはるかに超えた、技術的、行動的変化を起しうる。エネルギー消費と、都市が生みだす様々な製造物のための資源利用を減少させる技術的な解決手段は既に存在している。もし、都市がエネルギーやリサイクルについて整合した目標を設定するならば、車両や、空調機や、冷蔵庫や、種々の包装や、配達輸送は、現状よりもはるかに環境にやさしくすることが可能である。これらの率先的行動は、全ての都市にとって資源生産性の高い新たな技術の開発を後押しするものであり、貧富にかかわらず世界中の都市にとってかかわりがある。

ネットワーク都市
▶ 都市の地球規模でのネットワークの一部分:夜間のヨーロッパ
W.T Sullivan and Hansen, Planetarium; Science Photo Library

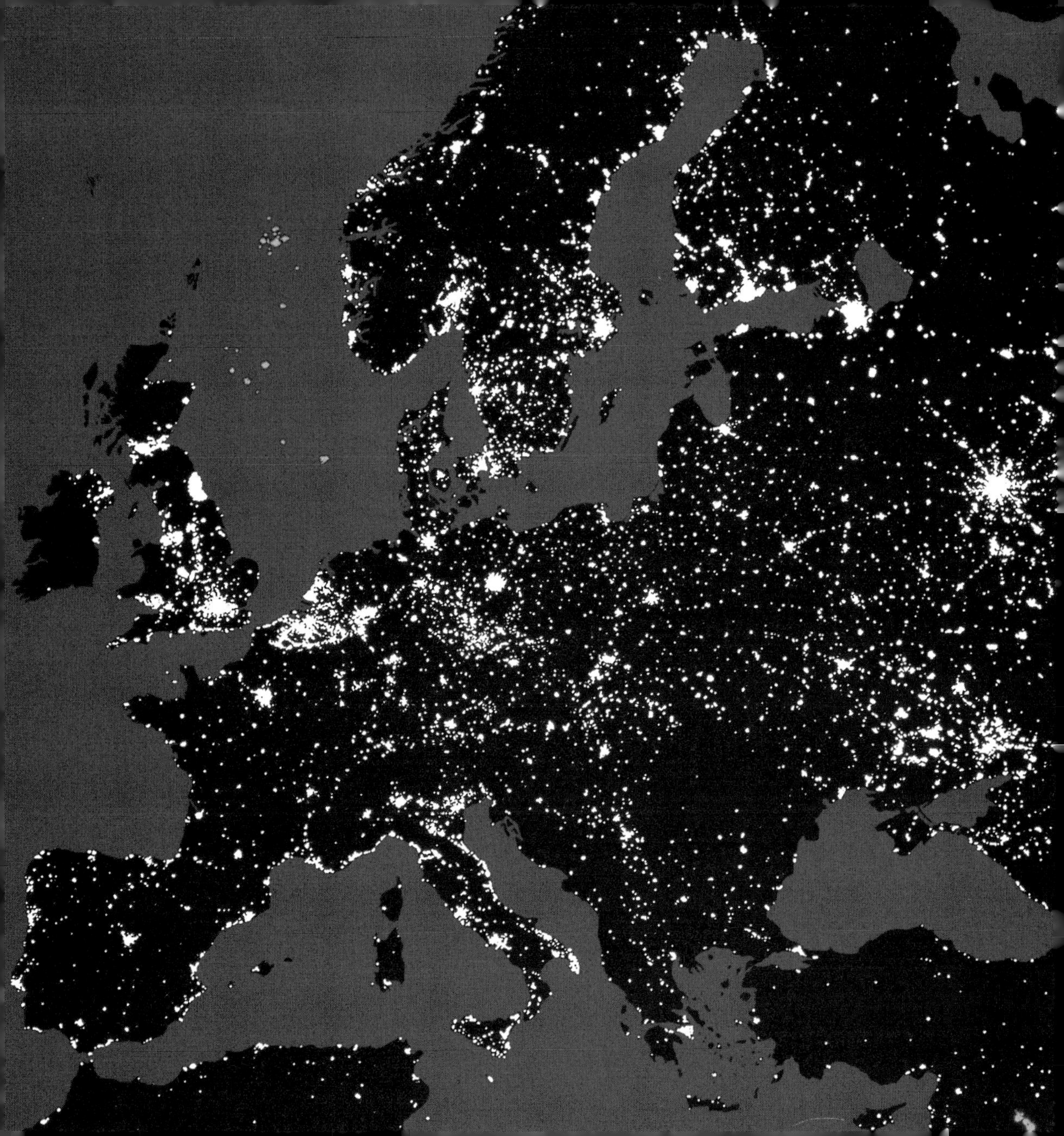

都市の力及び参加的な市民性は、多様で個別的な都市の問題に対して、国の政府があまり有効に対処できないことを相補うものである。都市の自律性の高まりや、市民のより大きな参加が、個別の環境における個別の問題に特定した公的政策を創り出すであろう。都市の自治体は、その交通システムや、社会福祉、教育及びエネルギー計画に関する種々の要求条件に関する決定をするのに、最もふさわしい場所である。もし都市がサステナビリティへの取組みに深く関与するならば、その市民自身は世界の環境的な危機に対する協働的な取組みに直接携わることになる。都市同士のネットワークは、相互依存した市民の地球規模でのネットワークを生みだす。

以上述べた目標を私たちが達成することにとって、今日の富の不均衡は大きな障害である。開発が進展した国々における現在の一人あたりのエネルギー消費量は、開発途上の国々のそれよりも6倍も高い。国連開発計画（UNDP）の1992年人間・開発報告書は、開発が進展した国々は、世界人口における比率が5分の1であるにもかかわらず、世界の収入の80%をうけとっており、それは最貧国5カ国の収入の60倍に相当することを示している。それらの最貧国は世界の収入の2%以下で生計をたてているのである。この格差は1960年以来倍増した。開発が進展した国々では内部における富の格差の顕在化という形でこの世界的な傾向の相似形を見出すことができる。1990年代初頭の米国においては、全人口のなかで最も裕福な1%が保有する富の割合は40%であった。それは、1970年代の倍であり、1920年代の水準に戻るもので、同様の傾向は英国でもみとめられる。ワシントンの政策研究所のジョン・カバナは、世界の380人の個人億万長者の富の総計は、世界人口の半分の年収の総計を上回ると算定している。

世界銀行の報告書も、経済協力開発機構（OECD）やUNDPも、この不均等の傾向の台頭を非難している。それらの機関は、世界全体での観察に基づいて、1980年代にサッチャリズムやレガノミックスによって、経済的成長を助ける手段として意図的に促進された不均等は、実はかえって市場的思考を妨げていると結論づけている。「トリクルダウン」理論（訳注　4章参照。政府資金を大企業に流入させるとその影響が中小企業と消費者及び景気を刺激する

という理論）の失敗は、世界の貧困の絶望的なありさまを俯瞰すれば誰もがみてとれる。

このネガティブな社会の傾向は、技術の進歩が人口増加よりも速いスピードで富の生産を一貫して増加させているという状況のなかでおきている。1900年以降、富の生産は、世界のGDPで測ってみると、36倍にまで著しく増加した。一方、同じ期間の世界の人口成長はたった5倍である。世界銀行のミカエル・ブルノは、不均等を減じることは、直接貧しい人々に便益を提供するだけでなく、より高い成長によって全ての人々に便益を与えると主張している。

教育、健康そして栄養という人間の基本的な能力の涵養に優先度を与えている国は、直接生活状態を改善しているだけでなく、所得分布の改善や平均収入の長期にわたる増加が、より多く見出される。（世界銀行報告書）

開発途上の国々における決定的で、しかも環境的な損失を生む経済成長のありようは、汚染の累乗的な増加を生んでいる。エネルギー、水そして資源への需要は増加している。国連は約13億人が清潔な水へのアクセスをもたず、50年以内に約30億人が深刻な水不足に窮すると予測している。環境的な危機はほとんど数倍に増加する。

開発の進展した国々は、——その不釣合いな富の所有と、技術のコントロール、そして生産手段全般への影響をもっているがゆえに——それ自身の経済と都市をサステナブルにすることに対して逃れがたい責任を負っていることを私は強く主張したい。私たちは、いまや消費のレベルを低めるという真の効率を実践しなければならない。ではどのようにすれば資源のより公平な分配が実現できるのであろうか？

サステナビリティの実現は、社会的により一体化していて、経済的により効率的で、かつ環境的には健全な、既存資源の生産と分配方法を見出すことができるのかにかかっている。その実現はまた、共有されているもの——環境やコ

ミュニティ——の価値を確立することによって生活の質を保証できるのかということや、私たちがお互いに環境やコミュニティに依存しているのだということを認識できるのかということにもかかっている。もし自然が強く求めているものに私たちが尊敬の念を払い、私たちの技術の焦点をそこにあてるならば、この惑星は人間性を維持し支え続けていくことができる。

科学はいまや全ての人にとって余りあるものを見出したが、それは支配の隔壁が完全に取り去られたらば、の話である。基本的な、汝か我か、その両者に不十分ならばそれゆえに誰かが死ななければならない……という教義は消え去ったのである。(バックミンスター・フラー)

開発が進展した国々においてサステナビリティを献身的に実践することは、消費都市の巨大で破滅的なエコロジカル・フットプリントを劇的に減少させることを促すであろう。それは、新たな国際標準を設定させ、サステナブルな技術の発展を切り開かせる。そしてまた、地球の富を民主的に分配する機会を生みだし、開発途上の国々のスプロール化する巨大都市がそれら自身の成長に伴う驚愕させるほどすさまじい需要に対処することへの手助けとなるであろう。

環境主義は、地球規模での環境的な軋轢のもとになることなく、共通の利害に対して国々を団結させたが、それは、かつて国際的関係でおきたことのなかで最も良いことになるであろう。(グレグ・イースターブルック)

世界にまたがる都市のネットワーク——知識、技術、サービス、リサイクルされた資源を分かちあい、地域の文化を尊重しつつ共通の環境目的を実現するために共同の政策枠組みを立案すること——は、真の変化を達成する仕組みと原動力を提供しうる。地球環境に私たちがともに依存しているのだという認識が広まるにつれ、また、現代のコミュニケーションが世界の問題をより先鋭でより個人的な関心の的にするにつれ、第一世界と第三世界との間で、連携、協力及び支援を行うことができるようになっている。都市の政治的な力の拡張と、それらの社会的及び環境的な責任への認識は、環境問題への国際的な

取組みを過激なほどに大きく改善させうるものである。この責務の重大性を軽視してはいけないし、前向きの行動を妨げてはいけない。

私たちの目的は、社会と都市と自然との間の新たなダイナミックな均衡を達成することであるべきである。参加、教育そして技術革新は、サステナブルな社会にとっての原動力である。

サステナブルな政策は既に目に見える形でその結果の恩恵をもたらしつつある。こういった成功を背景に、一般の人々の意思決定にひろく浸透していけば、サステナビリティは私たちの時代の支配的な哲学となりうる。そうすることで、人間性のすみかである都市を、いま一度、自然のサイクルのなかに編みつづることができる。

美しく、安全で、公正な都市というものは、私たちの手の届くところにあるのだ。

参考文献

Anson, Brian, *Don't Shoot the Graffiti Man*, unpublished works

Benevolo, Leonardo, *The European City*

Berman, Marshall, *All That is Solid Melts into Air: The Experience of Modernity*, Simon and Schuster 1982

Brotchie, John; Baffy, Michael; Hall, Peter and Newton, Peter (eds), *Cities of the 21st Century, New Technologies and Spatial Systems*, first edition, Longman 1991

Brown, Lester R. and others, *State of the World – A Worldwatch Institute Report on Progress Towards a Sustainable Society*, Earthscan Worldwatch Institute 1992

Carson, Rachel, *Silent Spring*, Houghton Mifflin Co. 1962

Castels, Manuel and Hall, Peter, *Technologies of the World - The Making of 21st Century Industrial Complexes*, Routledge 1994

Daton, Rio, *Researching the International Order*

Davies, Robert, *Death of the Streets – Cars and the Mythology of Road Safety*, Leading Edge Press and Publications Ltd 1992

Drucker, Peter F., *Post-Capitalist Society*, Butterworth Heinemann 1993

Easterbrook, Greg, *A Moment on the Earth*, Penguin 1995

Elkn, Tim; McLaren, Duncan and Hillman, Mayer, *Reviving the City – Towards Sustainable Urban Development*, Friends of the Earth 1991

Elkins, Paul; Hillman, Mayer and Hutchison, Robert, *Wealth Beyond Measure – Atlas of New Economics*, Gaia Books 1992

Freundt, Peter and Martin, George, *The Ecology of the Automobile*, Black Rose Ltd 1993

Galbraith, John Kenneth, *The New Industrial State*, first edition, Andre Deutsch 1972; second edition, Penguin Books 1991

Girardet, Herbert, *The Gaia Atlas of Cities*, Gaia Books 1992

Gore, Al, *Earth in the Balance – Ecology and the Human Spirit*, Penguin 1993

Gorz, André and Turner, Chris, *Capitalism, Socialism, Energy*, Verso

Hall Peter, *London 2001* and *Cities of Tomorrows*, Blackwell 1988

Harvey, David, *The Condition of Postmodernity*, Basil Blackwell 1989

International Institute for Environment and Development, *Policies for a Small Planet*, Earthscan Publishers 1992

Jacobs, Jane, *The Death and Life of Great American Cities – The Future of Town Planning*, first edition Penguin 1961; reprined by Pelican Books 1965

Kelly, Kevin, *Out of Control*, Fourth Estate 1995

Kennedy, Paul, *Preparing for the 21st Century*, HarperCollins 1993

Kropotkin, Peter, *Mutual Aid – A Factor of Evolution*, Freedom Press 1993

Leggett, Jermey, *Global Warming – The Greenpeace Report*, Oxford University Press 1990

London City Council, *County of London Plan*, second printing, Macmillan and Co. 1943

Lovelock, James, *The Ages of Gaia*, Oxford University Press 1988

Mumford, Lewis, *The City in History*, Harcourt Brace & World 1961

Nijkamp, Peter and Perrels, Adrian, *Sustainable Cities in Europe*, Earthscan Publications 1994

Ohmae, Kenichi, *The Borderless World*, Fontana 1990

Papanek, Victor, *The Green Imperative*, Thames and Hudson 1995

Pearce, David, *Blueprint I, II and III – Measuring Sustainable Development*, Earthscan 1993-7

Pearce, David; Markandya, April and Barbier, Edward B., *Blueprint for a Green Economy*, Earthscan Publications 1989

Ponting, Clive, *The Green History of the World*, St Martin's Press 1991

Porter, Roy, *London – A ocial History*, Harvard University Press 1995

Reich, Robert B., *The Work of Nations – A Blueprint for the Future*, Simon and Schuster 1991

Rifkin, Jermey, *The End of Work: The Decline of the Global Labour Force and the Dawn of the Post-Market* Era, G. P. Putnam's Sons, New York 1995

Rogers, Richard and Fisher, Mark, *A New London*, Penguin 1992

Sennett, Richard, *The Fall of Public Man*, Faber and Faber 1974

Seymour, John and Girardet, Herbert, *Blueprint for a Green Planet*, Dorling Kindersley 1987

Sherlock, Harley, *Cities Are Good For Us*, Paladin 1991

Sorkin, Michael, *Exquisite Corpse*, Verso 1991

Thompson, William Irwin, *Gaia II – Emergence. The New Science of Becoming*, Lindisfarne Press 1991

Turner, R. Kerry; Pearce, David and Bateman, Ian, *Environmental Economics, An Elementary Introduction*, Harvester Wheatsheaf 1994

Ward, Barbara, *Progress for a Small Planet*, Penguin 1979

Ward, Barbara and Dubos, René, *Only One Earth*, Penguin 1972

Wilks, Stuart (ed.), *Talking About Tomorrow*, Pluto Press Collection 1993

Williams, Raymond, *The Country and the City*, Hogarth Press 1973

索引

斜体は図版またはそのキャプションを指す

acid precipitation, 酸性雨、viii, *51*
Alsop, Will, architect, オルソップ、ウィル、建築家、*136*, 165
Anson, Brian, architect, アンソン、ブライアン、108, 112
Architecture Centres, 建築センター 107-8
Argentina, *villas miserias*, アルゼンチン、ビラ・ミゼラス（惨めな街区）、56
autonomous house research project, 自立可能住居研究プロジェクト *88-9*
Athens, アテネ 124
automation, オートメーション 4, 156

Ban, Shigeru, architect-engineer, 坂茂、建築家・エンジニア、*84*,*86*
Barcelona, バルセロナ、15, 19-20, 170
Berman, Marshall, writer, バーマン、マーシャル、作家、21-2
Bogota, Colombia, ボゴタ、コロンビア、*56*
Bohigas, Oriel, architect, ボヒガス、オリエル、建築家、19
Bombay, ボンベイ（ムンバイ）、7, 56
Bordeaux, Law Courts, ボルドー、裁判所、*93-6*, *94-5*
Boulding, Kenneth, economist, ボールディング、ケネス、経済学者、28
British Museum, London, 大英博物館、ロンドン、82
Bruno, Michael (World Bank), ブルノ、ミカエル（世界銀行）、173

California, emission controls, カリフォルニア、排出規制、170
Cambridge, King's College, ケンブリッジ、キングズカレッジ、80, 81
cars, 自動車、x, 34, 35-6, 37, 38, 155-6, 166, 170
  in London, ロンドンにおける自動車、119-20, 122, 126-7, 134
  see also transport systems 交通システムも見よ
citizenship, 市民性、11, 16, 17-18, 22, 58, 150-2, 172
climate change, 気候変化（気候変動）、viii
Combined Heat and Power Plants, 発熱発電混合施設、50, *51*
communication technologies, コミュニケーション技術、147, 161-2
'compact city', 「コンパクト・シティ」、33, 38-41, 49-51
competitions, architectural, 設計競技、18
computer modelling, コンピューター（による）モデル（化）、52-3, 98-101
conservation, 保存、7,9
Curitiba, Brazil, クリティバ、ブラジル、18, 58-61, 159, 166

Davis, Mike, writer, デイビス、マイク、作家、11
'dense city' model, 「高密な都市」モデル、32-3
disease, 疾病 ix

Easterbrook, Greg, writer, イースターブルック、グレグ、作家、174
ecological awareness, 環境配慮、4-5,160
education, 教育、17-18, 62, *78-9*, 107, 151
environmental degradation, *see* pollution, 環境品質低下、汚染を見よ
ethics, in architecture, 倫理、建築における、68-9
Florence, フィレンツェ、80, *81*
food supplies, 食糧供給、vii
Ford, Peter, London Transport chairman, フォード、ピーター、ロンドン交通局長、122
Foster, Norman, architect, フォスター、ノーマン、建築家、80
France: フランス
  architectural competitions, 設計競技、18
  Ministére des Villes, 都市省、159
  public buildings and parks, 公共建築及び公園、160-1
Fuller, Buckminster, engineer, フラー、バックミンスター、エンジニア、2, 16, 68, 175

Girardet, Herbert, ecologist, ジラルデット、ハーバート、エコロジスト、30, 111
on metabolism of cities, 都市の物質代謝（メタボリズム）について、30, *31*
global cities, 世界都市、161
government, new structures of, 政府、新しい構造の、159-60, 161-2, 168, 172, 175
Greece, ancient, ギリシャ、古代の、16, 152

Grimshaw, Nicholas, architect, グリムショウ、ニコラス、建築家、138
Gummer, John, Secretary of State, ガマー、ジョン、国務相、113, 133

Hadid, Zaha, architect, ハディド、ザハ、建築家、165
Hall, Peter, professor of urban design, ホール、ピーター、都市デザイン担当教授、116
Hampshire, school, ハンプシャー、学校建築、78
Harappa culture (Indus valley), ハラッパ文化、vi
Himmerblau, Coop, architect, ヒンメルブラウ、コープ、建築家、165
Hopkins, Michael and Patti, architects, ホプキンス、マイケル及びパティ、建築家、136
Houghton, Sir John, physicist, ホートン卿、ジョン、物理学者、4
housing, ハウジング、82, 116-19
Houston, Texas, ヒューストン、テキサス、13, 14
Howard, Sir Ebenezer, town planner, ハワード卿、エベネザー、都市計画家、16, 32
human rights, 人間としての権利（人権）、152, 168

information networks, 情報ネットワーク、147-8, 161
Ito, Toyo, architect, 伊東豊雄、建築家、165

Jefferson, Thomas, architect, ジェファーソン、トーマス、建築家、16
Joseph, Stephen (Transport 2000), ジョセフ、スティーブン（2000年の交通会）、120

Kahn, Louis Isadore, architect, カーン、ルイス・イサドール、建築家、67
Kavanagh, John, of Washington, DC, カバナ、ジョン、ワシントンDCの、172
Kelly, Kevin, writer, ケリー、ケヴィン、作家、66, 146, 148
Keynes, John Maynard, economist, ケネス、ジョン・メイナード、xi
Kobe, Japan, emergency housing, 神戸、日本、応急住宅、84, *86-7*
Koolhaas, Rem, architect, クールハース、レム、建築家、165
Korea, industrialised housing, 韓国、工業化ハウジング、84, *85*

land use, 土地利用、vii
Las Vegas, Nevada, ラスベガス、ネバダ州、7, 38
Le Corbusier (Charles Édouard Jenneret), architect, ル・コルビュジエ（シャルル・エドゥアール・ジャンヌレ）、68, 165
Leonardo da Vinci, レオナルド・ダ・ビンチ、16
Lerner, Jamie, Mayor of Curitiba, ラーナー、ジェミー、クリティバ市長、58-61
Libeskind, Daniel, architect, リベスキンド、ダニエル、建築家、*82-3*, 165
life expectations, 平均寿命、32, 148-9
Lloyd's of London building, ロイズ・オブ・ロンドン、*96-7*
London, ロンドン、x, 15, 102-43
  passim air pollution, 大気汚染、*102*, 119-20
  civic administration, 市民による自治、105-7
  Docklands development, ドックランド開発、109-11, *110*
  Embankment development, エンバンクメント開発、128, 130-1
  Greenwich Peninsula master plan, グリニッジ・ペニンシュラ総合基本計画、116-17
  housing, ハウジング、116-19
  Hungerford Bridge proposal, ハンガーフォード橋計画提案、130-1
  Millennium plans, ミレニアム計画、*116-17*, *140-1*, 142-3
  need for elected authority, 公選された自治体、106-7
  neighbourhood structure, 近隣界隈の構造、113
  pedestrianisation, 歩行者専用道路化計画、126, 128, 130, 133, 135-6
  resource consumption, 資源消費、111
  Thames riverside development, テムズ河岸計画、114, *129-31*, 135-6, *137*,142-3
  Trafalgar Square,トラファルガー広場、*72*, 73, 126, *127*, 128, 132, 133
  transport problems and proposals, 交通計画及び提案、19-20, *121*, 122-6, *127*, 128, 133, *134*, 135-6, 142-3
  see also individual buildings 個々の建物も参照のこと
  'London as It Could Be' (1986 exhibition), ありうべきロンドン、*128-32*
Los Angeles, ロスアンジェルス、x, 7, 11-14, 28
Lovelock, James, writer, ラブロック、ジェイムス、作家、26
Lubetkin, Berthold, architect, ルベトキン、バートホールド、建築家、68

Majorca 'technopolis', マジョルカ島「テクノポリス」、54-6, *55*

Malthus, Thomas Robert, economist, マルサス、トーマス ロバート、経済学者、vi, 21
Maragal, Pascal, Mayor of Barcelona, マラガル、パスカル、バルセロナ市長、19-20
Marx, Karl, マルクス、カール、21-2
Masa Verde, New Mexico, マサ・ベルデ、*64*, 67
Materials Recirculation Law (Germany), 材料再循環法（ドイツ）、159
Mearns, Revd Andrew, メアンズ、レヴド・アンドリュー、105
Mexico City, メキシコシティ、*24, 27*, 28, 56, 152
micro-electronics, マイクロエレクトロニクス、147-8
Mitterrand, François, French President, ミッテラン、フランソワ、フランス大統領、18, 161

National Gallery, London, ナショナルギャラリー、ロンドン、*72*, 73
Nervi, Pier Luigi, architect, ネルヴィ、ピエール・ルージ、建築家、68
Netherlands, the, オランダ、118
'network' concepts, ネットワーク（という考え方）、*147*, 148, 161-4, *171*, 172, 174
New Caledonia, Cultural Centre, ニューカレドニア、文化センター、92
New York, Central Park, ニューヨーク、セントラル・パーク、*70*, 71
Nolli, Giambattista, architect, ノリ、ギアムバティスタ、建築家、69
Nottingham, Inland Revenue building, ノッティンガム、内国歳入庁建物、90, 91, 93, 96
Nouvel, Jean, architect, ヌーベル、ジャン、建築家、161

Organisation for Economic Co-operation and Development (OECD), 経済協力開発機構、172
Ove Arup & Partners, オーブ・アラップ・アンド・パートナーズ、45, 74

Paris, パリ、136
   Louvre, ルーブル、80, *81*
   Pompidou Centre, ポンピドー・センター、15, 76, *77*, 79
parks, 公園、15, 45, 49, 71, 128
Pearce, David, professor of economics, ピアス、デイビッド、経済学教授、155
   pedestrianisation, 歩行者専用道路化、45, 59; *see also* London ロンドンも見よ
Pei, Ieoh Meng, architect, ペイ、イオミン、建築家、80
Perrault, Dominique, architect, ペロー、ドミニク、建築家、161
Philippines, the, フィリピン、157
Phoenix, Arizona, フェニックス、アリゾナ州、*6, 7*, 38
Piano, Renzo, architect, ピアノ、レンゾ、建築家、76, *92*
pollution, 汚染、vii, x, 3-4, 11, 27-8, 41, 56, 154, 168
population, 人口、vii, ix, 3, *4*, 21, 27-8
Port au Prince, Haiti, ポルトー・プランス、57
Porter, Roy, historian, ポーター、ロイ、歴史家、82
Portland, Oregon, ポートランド、オレゴン州、20
Posner, Ellen, writer, ポスナー、エレン、ライター、69
prefabrication, プレファブリケーション、84, *85*
preservation, *see* conservation 保存（conservation）を見よ
Price, Cedric, architect, プライス、セドリック、建築家、165
production, automated, 生産、自動化された、4-5, 148
Prouvé, Jean, architect, プルーベ、ジャン、建築家、68
'public domain', 「公共の領域」、15-16, 69-71, 74, *123*, 143, 152-3
public transport, *see* transport systems 公共交通、交通システムも見よ
Puttnam, Sir David, film-maker, パットナム卿、デイビッド、映画制作者、147

recycling, リサイクリング、30, 31
responsive facades, 可変的対応外壁、98, *100*, 101
Rice, Peter, engineer, ライス、ピーター、エンジニア、74, 84
Rifkin, Jeremy, writer, リフキン、ジェレミー、作家、150
Rome, Nolli's map, ローマ、ノリの地図、69
Rotterdam, ロッテルダム、19
Royal Academy, London, Sackler Gallery, ロイヤルアカデミー、ロンドン、サックラーギャラリー、80

San Francisco, サンフランシスコ、20, 36-7
São Paulo, Brazil, サンパウロ、ブラジル、7, 56, 59, 61
Sassen, Saskia, writer, サッセン、サスキア、作家、161

Scarpa, Cario, architect, スカルパ、カルロ、建築家、80

sea levels, 海面レベル、viii
Seattle, Washington, シアトル、ワシントン州、20
Shanghai, 上海、41, 42, *43*, 44
   Lu Zia Sui project, 陸家嘴プロジェクト、44-5, *46-9*, 49, 52-3
shanty settlements, バラック街、41, 56, 57, 58-9, 62
Stenzhen, China, 深圳、41, *42-3*
shopping centres, out-of-town, ショッピングセンター、郊外の、122
Siena, The Campo, シエナ、カンポ広場、15
solar energy, 太陽エネルギー、28, *29*, 96
Strasbourg, ストラスブール、124, 165
South Bank, London, サウスバンク、ロンドン、131, 138, 139
sustainable city, defined, サステナブルな都市, 定義、167-9
sustainable technologies, サステナブルな技術、88-101
sustainability, サステナビリティ、5, 22, 24-63, 64-101, 153-4, 158-60

taxation, 課税、122, 124, 155-6, 158
technology, creative use of, 技術、その創造的な使用、21, 22, 23, 62, 82, 84, 91, 101, 147, 167, 172, 174
Thomas, Lewis, writer, トーマス、ルイス、vi
Tocqueville, Alexis de, writer, トクヴィル、アレクシ・ド、作家、104
Tokyo, 東京、*4*, 80, 82, 164
   Forum competition, フォーラム設計競技、73-4, *75*
   Turbine Tower project, タービン・タワー・プロジェクト、98, *98-9*
traffic research, 交通（量）調査、36-40
transport systems, 交通システム、x, 38, 40, 166-7
   in Curitiba, クリティバの、166
   in London, ロンドンの、122, 124-6, 128, 136, 142-3
   In Lu Zia Shu project, 陸家嘴の、45, *46-7*, 49
Trautmann, Catherine, Mayor of Strasbourg, トラウマン、キャスリン、ストラスブール市長、165

United Nations: 国連
   advisory panel on climate change, 気候変化に関する政府間パネル、4
   Development Agency, 開発局、22
   Development programme, 開発計画、172
   environmental data report（1993-4）、vii
   Habitat Conference 居住会議（1996）、168-70
   High Commissioner for Refugees, 難民高等弁務官事務所、84
   Human Development report 人間・開発報告書（1992）、172
   Human Settlements report（1986）、人間居住調査、56
   Our Common Future, 我ら共有の未来、5
urban planning, 都市計画、106-11, 113-16
urban regions, 都市地域、166, 170
urban space, 都市空間、8-16, 45, 69, 70-4, 126, 152-3
urban transport, 都市交通、*34-5*, 35-40, 45, 61, 163, 166-7

Van der Rohe, Mies, architect, ファン・デル・ローエ、ミース、68
Vasari, Giorgio, architect and artist, ヴァザーリ、ジョルジョ、80
Venice, Piazza San Marco, ヴェニス、サンマルコ広場、15, 82, 152
Verona, Castelvecchio, ヴェローナ、カステルヴェッキオ、8
Victoria and Albert Museum, London, ビクトリア・アルバート美術館、82, 83

Walzer, Michael, political theorist, ワルツァー、マイケル、政治学者、9
Washington, DC, Institute of Policy Research, ワシントンDC、政策研究所、173
waste disposal, 廃棄物処理、vii, 4, 11, 30-1, 50-2, 160
water, 水、vii, 4, 52, 54
Waterloo Station, London, ウオータールー駅、ロンドン、136
wind power, 風力、*28*
World Bank, 世界銀行、172, 173
World Health Organisation, 世界保健機関（WHO）、28, 160
World Resources Institute, 世界資源研究所、36
Worldwatch Institute, USA, ワールドウォッチ研究所、154
Wright, Frank Lloyd, architect, ライト、フランク・ロイド、建築家、16, 68

179

略歴

リチャード・ロジャースは、イタリアのフィレンツェで1933年に生まれ、建築家として、ロンドン及び米国で修練を積んだ。王立建築家協会（RIBA）のゴールド・メダル受賞者であり、パリのポンピドー・センター、ロンドンのロイズ本社ビルそしてミレニアム・ドームなどパイオニア的な建築の設計者として、また、上海、ベルリン、ロンドンの大規模な総合基本計画プロジェクトのプランナーとして著名である。テート・ギャラリーの評議会会長、イングランド美術協会副会長を歴任した。レジオン・ドヌール勲章を授与され、建築への貢献で1991年にはナイトに叙せられた。1996年には貴族に列せられた。1998年、プレスコット副首相に要請されて政府の都市タスクフォースの議長に就任し、イングランド地域における包括的な戦略計画を策定した。リチャード・ロジャースは建築及び都市に関するロンドン市長の主席アドバイザーであり、バルセロナ市長の都市戦略諮問評議会メンバーである。

クリスピン・ティッケル卿は、カンタベリーのケント大学の学長であり、また政府のサステナブル・デベロップメントに関する政府審議会会長でもある。海外協力管理機構の常任事務局長や、英国の常任国連代表も歴任した。歴代の首相に環境に関わる問題についての助言をしてきており、「気候変化と世界問題」の著者でもあり、この問題について数多くの著作と講演を行ってきた。

フィリップ・グムチジャンは、1998年までリチャード・ロジャース・パートナーシップの副部長を務め、グリニッジ・ペニンシュラの総合基本計画を担当し、ミレニアム・ドームの計画初期に携わった。1986年のロイヤル・アカデミーにおける「ありうべきロンドン」の提案や、BBCのリース・レクチャーや、テムズ・ミレニアム計画で、リチャード・ロジャースに協力した。1998年にグムチジャン・アソシエイツを設立し、ミレニアム・ドームの「ローカル・ゾーン」の設計を担当した。イスタンブールにおける国連居住会議ハビタIIにおける「21世紀の都市」セッションでパネラーを務めた。またドイツ政府のアーバン21計画にも専門家として協力し、ハビタIIの提案の実現に向け努力している。

訳者あとがき

「こんな本がある」訳者が英国の友人から、このピンク色の表紙と形が印象的な本を紹介されたのは、1998年6月であった。「いい本で一般にもよく売れている。プレスコット副首相・環境相も感動して、この本に書かれている提案を具体化するため、リチャード・ロジャースさんをリーダーとするタスクフォースを作ったくらいだ。」矢継ぎ早に解説してくれる友人の声を聞きながら、ページをめくる。目にとびこんでくる図版を見るだけで、この本がいかなるメッセージを伝えようとしているのは明らかであった。よし是非、帰りの飛行機のなかで読んでいこうと、ロンドンの書店を探しまわったがどこも売り切れでみつからない。いかにこの本がひろく社会一般の関心を集めているのかはからずも実感することになった。

リチャード・ロジャースさんは、あのパリのポンピドーセンターや、ロンドンのロイズ本社を設計した世界的な建築家である。最も現代的な建築の作者がこのような本を書いておられる「意外さ」自体に大事なメッセージがある(実はそれは全く意外でないことがこの本を読み進むと納得していくのであるが)。にもかかわらず、日本の建築業界誌の内容は、相も変わらず、いろいろな意味で消費的な作品で溢れている。この世界的なベストラーの第一章の扉をめくると、そこには、都市による環境の人工改変の凄まじさの象徴として、東京湾の衛星写真が掲げられているにもかかわらず、である。

ネット経由でようやく訳者が北米バージョンを入手できたのは同じ年の8月であった。早速読み始めると、テキストにも含蓄に富んだメッセージが溢れている。「この本を是非この国で紹介しなければならない」という気持ちが湧き、それは日々強くなっていった。そこで、ロジャース事務所に勤めておられた手塚貴晴さんに共訳者になってもらおうと思いこの本を読んでもらった。「この英語のテキストの言いまわしや癖は、間違いなくリチャード自身の言葉ですよ」と、手塚さんは直接ご本人に接したものでなければわからない「鑑定」をしてくれた。そんなおり、タイミングよく、旧知の鹿島出版会の伊藤公文さん(当時)に偶然お目にかかった。「何か面白い本は知りませんか」ときいて下さったので、この本を紹介したところ、ほどなく伊藤さんから鹿島出版会で出版しましょうというご提案をいただき、またたくまに翻訳権をとって下さった。ロジャース事務所におられた和田淳さんにも共訳者に加わっていただき、3人で本格的な翻訳作業をはじめたのは2000年2月であった。

この本の最大の価値はその構想力にある。地球や都市の危機を扱った本はたくさんある。しかし、その少なからぬ多くは、事態が深刻なことを教えてはくれるが、では私たちがどうしていけばよいのかについて、部分的な示唆しか与えてくれていない。そこに、とてつもない複雑系である、地球環境と都市の問題の難しさがあらわれている。訳者は、ここ数年、サステナビリティと建築にまたがる課題を研究してきて、対象とする事象には複数の評価軸あり、それだけに「環境にやさしい」という表現は、危険な曖昧さを孕んでいることを痛感してきた。この感覚は多くの研究者が共有しており、その意識を反映して、「部分最適は決して全体最適を生まない」「バランスのよい意志決定が大事」「シンセシスの工学」などといった標語が流布している。そこに、分析指向を強めた感のある現代の学問研究の閉塞があらわれているともいってよい。地球環境や都市再生という言葉は、中央政府、地方自治体の政策文書に頻度高くあらわれているが、政策立案についても、学問研究と同様の閉塞状況にあるといってよいであろう。

リチャード・ロジャースさんが示した、都市のあり方に関する包括的な構想は、この閉塞を打ち破るものだといってよい。この本のなかの、個々の事実認識や見解に異論を抱く読者がおられるかもしれないが、だからといって、この本のもつ価値を過小評価してはならない。その断片的な素材から、まさに建築をデザインするように組み立てた構想こそに大いなる価値があるのだから。

その構想に、人間としての、あるいは一市民としての身体的感覚がにじんでいることも大事である。都市における孤独・疎外やバンダリズムと、中心市街地の沈滞がもたらす経済的凋落と、都市がもたらす環境破壊が、実は同じ原因

から発生しているという洞察は、身体的感覚をもっているがゆえになしえるものである。これは、都市の、社会的・経済的・環境的サステナビリティは相互に関連している、という極めて正しいが一般的すぎる言辞からは決して見えてこない解決の糸口である。私たちは、地球環境と都市のあり方について、傲慢であってはならないが、かといって悲観的になりすぎてもいけない。悲観的すぎれば、それは自暴自棄を生み、結果は傲慢である場合と同じになってしまう。私たちにとっていま必要なのは、希望であり、そうであるからこそ、何らかの前向きの行動がとれる。緒言の結びにティッケル卿は、「このリチャード・ロジャースの本は希望のメッセージである（Richard Rogers' book is a message of hope）」と印象的に記しているが同感だ。そして、その希望の根源は、まさにこの本のもつ構想力であるといってもよい。

翻訳の時間を要したために、この本の内容が現実にそぐわなくなっている点も多々ある。未来形でかかれているグリニッジのミレニアム博覧会はとうの昔に終わり、ロジャースさん設計のミレニアムドームを今後どうするのかがテレビや新聞でも話題になっている。また、この本では計画案だけが示されているボルドーの裁判所も既に竣工している。さらに、冒頭に紹介したプレスコット副首相肝いりの政府のタスクフォースチームは「Towards Urban Renaissance」という大変立派なレポートを発刊しているし、さらに昨年には、表紙が黄緑でタイトルがピンク色抜きされた「Cities for a small country（都市　この小さな国の）」がアンネ・パワーさんとの共著で上梓されている。加えて、この本にこめられたロジャースさんの思いも通じて、ロンドンには再び市役所（GLA）が設立され、公選されたれ市長は、ロジャースさんを、市長のアドバイザーとして迎え、週に一回ロジャースさんはGLAの事務所に通っている。政府のレポートを通じて、あるいはロンドンのシティ・アーキテクトとして、ロジャースさんは、この本に込められた考えを少しづつ実現されているといってよい。以上のように原著の出版から4年で状況は目まぐるしく進展したが、この本は史料価値ももちえる本だと信じ、「今世紀末」という表現をはじめ、新世紀の読者にとって、どうしても違和感のある時間表記を除き、原文に忠実な訳文となるように心がけた。

訳書を上梓するにあたって多くの方々に感謝しなければならない。翻訳のパートナーである和田淳さん、手塚貴晴さんはもちろんのこと、鹿島出版会の伊藤公文氏（現　鹿島建設）、小田切史夫氏そして相川幸二氏に大変お世話になった。リチャード・ロジャース・パートナーズ（RRP）のロバート・トーデイ氏は本書の図版の電子リソースのご提供をいただいた。またRRPの内山美之氏には、東京での最終校正の読みあわせにご参加いただくなど、ロンドン・東京間のコミュニケーションにひとかたならぬご尽力をいただいた。

そしてなんといっても、リチャード・ロジャースさん、フィリップ・グムチジャンさんの原著者のお二人の励ましなくしては、この本は日の目をみなかったであろう。この本の邦題は、直訳すれば「都市　小さな惑星のための」となるが、冠詞 a の翻訳としては文法的には不正確なことを承知で「都市　この小さな惑星の」とさせていただいた。これは、まったく感覚的でしかないのだが、原著者お二人との会話で、都市とこの惑星をこよなく愛しておられることを強く訳者が感じたからである。

実は、リチャード・ロジャースさんは、現在Lord Rogers of Riverside というSir よりもさらに上位の爵位をもっておられる。この「あとがき」でも、本来なら、ロジャース卿と表記しなければならなかったが、事務所に勤めておられた、共訳者の和田さんも手塚さんも「リチャード」と親しみを込めていっておられるので、不遜にもリチャード・ロジャースさんとさんづけでお呼びすることにした。

確かにそうお呼びしたくなるお人柄である。GLAの一室でおめにかかった際、ロジャースさんの遠くをみつめるような澄んだまなざしはとても印象的であった。この訳本の行間から、そのまなざしがご想像いただけたら、訳者としてはこれにまさる喜びはない。

2002年3月　東京にて
訳者代表　野城智也

訳者略歴

野城智也　建築生産研究
Tomonari Yashiro
　1957年　東京都に生まれる
　1980年　東京大学建築学科卒業
　1985年　東京大学大学院工学系研究科博士課程修了（工学博士）
　1985年　建設省建築研究所
　1991年　武蔵工業大学建築学科助教授
　1998年　東京大学大学院工学系研究科助教授
　1999年　東京大学生産技術研究所助教授
　2001年　同 教授

和田淳　建築設計
Atsushi Wada
　1963年　兵庫県に生まれる
　1988年　京都大学大学院建築学科修士課程修了後、鹿島建設（株）
　　　　　建築設計本部入社
　1992年〜94年　リチャード・ロジャース・パートナーシップ・ロンドン勤務
　1994年〜　KAJIMA DESIGN勤務

手塚貴晴　建築設計
Takaharu Tezuka
　1964年　東京都に生まれる
　1987年　武蔵工業大学建築学科卒業
　1990年　ペンシルバニア大学大学院修了
　1990〜94年　リチャード・ロジャース・パートナーシップ・ロンドン勤務
　1994年　手塚建築企画を手塚由比と共同設立
　　　　　（現在 株式会社 手塚建築研究所）
　1996年〜　武蔵工業大学専任講師

都市　この小さな惑星の

発行2002年 5月30日　第1刷 ©
　　2002年11月6日　第3刷

著者　リチャード・ロジャース＋フィリップ・グムチジャン
訳者　野城智也＋和田淳＋手塚貴晴
日本語版カバー・デザイン　工藤強勝
本文DTP　しまうまデザイン
発行者　新井欣弥
発行所　鹿島出版会
　　　〒107-8345　東京都港区赤坂6丁目5番13号
　　　電話 03（5561）2550　振替00160-2-180883

印刷　壮光舎印刷
製本　アトラス製本

ISBN4-306-04426-2 C3052　Printed in Japan
無断転載を禁じます。落丁・乱丁本はお取替えいたします。

本書の内容に関するご意見・ご感想は下記までお寄せください。
URL: http://www.kajima-publishing.co.jp　E-mail: info@kajima-publishing.co.jp